"十四五"时期水利类专业重点建设教材

"十三五"江苏省高等学校重点教材（编号 2019-2-055）

水文与水资源工程专业实践育人综合指导书

（详编版之课程设计）

主　编　王　栋　　吴吉春　　吴剑锋　　王远坤
副主编　祝晓彬　　陈扣平　　曾献奎

中国水利水电出版社
www.waterpub.com.cn

·北京·

内 容 提 要

全书为水文与水资源工程等涉水专业提高人才知行合一培养质量，提升理实融合内涵发展水平，构建实验-设计-实习三位一体实践综合育人新体系而编写。本书聚焦于水文与水资源工程专业实践育人综合指导书的课程设计部分，涉及水文水利计算、水文预报、水资源评价、水资源管理、水文统计、水污染控制、地下水动力学、地下水资源勘查与评价等多门专业核心课程或主干课程，内容包括暴雨设计、产汇流计算、洪水过程线、流域水文模型建模、参数率定、地表水资源量评价、地下水资源量评价、水文频率分析计算、污水管道设计、水文地质参数求解、地下水资源调查、地下水水质评价等。

本书是水利类水文与水资源工程专业的实践育人综合指导教材，也可供水利类（水务工程、水利科学与工程等专业）、地质类（地下水科学与工程、地质工程等专业）、环境科学与工程类（环境工程、环境生态工程、资源环境科学等专业）、土木类（土木、水利与海洋工程等专业）、地理科学类（自然地理与资源环境、自然地理科学等专业）、地质学类（地球信息科学与技术等专业）、地球物理学类（防灾减灾科学与工程等专业）师生使用，还可供水利、地质、环境、土木等相关领域工程技术人员参考。

图书在版编目（CIP）数据

水文与水资源工程专业实践育人综合指导书：详编版之课程设计 / 王栋等主编. -- 北京：中国水利水电出版社，2023.3
"十四五"时期水利类专业重点建设教材　"十三五"江苏省高等学校重点教材
ISBN 978-7-5226-1362-8

Ⅰ. ①水… Ⅱ. ①王… Ⅲ. ①水文学－课程设计－高等学校－教学参考资料②水资源－课程设计－高等学校－教学参考资料 Ⅳ. ①P33②TV211

中国国家版本馆CIP数据核字(2023)第057121号

书　　名	"十四五"时期水利类专业重点建设教材 "十三五"江苏省高等学校重点教材 **水文与水资源工程专业实践育人综合指导书** **（详编版之课程设计）** SHUIWEN YU SHUIZIYUAN GONGCHENG ZHUANYE SHIJIAN YUREN ZONGHE ZHIDAOSHU （XIANGBIANBAN ZHI KECHENG SHEJI）	
作　　者	主编　王栋　吴吉春　吴剑锋　王远坤 副主编　祝晓彬　陈扣平　曾献奎	
出版发行	中国水利水电出版社 （北京市海淀区玉渊潭南路1号D座　100038） 网址：www.waterpub.com.cn E-mail：sales@mwr.gov.cn 电话：(010) 68545888（营销中心）	
经　　售	北京科水图书销售有限公司 电话：(010) 68545874、63202643 全国各地新华书店和相关出版物销售网点	
排　　版	中国水利水电出版社微机排版中心	
印　　刷	清淞永业（天津）印刷有限公司	
规　　格	184mm×260mm　16开本　10.25印张　249千字	
版　　次	2023年3月第1版　2023年3月第1次印刷	
印　　数	0001—1500册	
定　　价	**32.00元**	

前　言

在高等学校水利学科教学指导委员会指导下，经广大教育工作者的协同努力，水文与水资源工程专业核心课程教材体系建设日趋完善。目前，实习实训、专业实践方面指导性教材相对偏少，特别是对于开设水文与水资源工程专业的综合性院校，可以使用的相关教材更少。根据目前国家对涉水专业人才培养的重大需求和发展形势，本教材专注实践育人综合指导。

本教材聚焦于水文与水资源工程专业实践育人综合指导书的课程设计部分，涉及水文水利计算、水文预报、水资源评价、水资源管理、水文统计、水污染控制、地下水动力学、地下水资源勘查与评价等多门专业核心课程或主干课程，内容包括暴雨设计、产汇流计算、洪水过程线、流域水文模型建模、参数率定、地表水资源量评价、地下水资源量评价、水文频率分析计算、污水管道设计、水文地质参数求解、地下水资源调查、地下水水质评价等。本教材引用了有关院校和科研单位的教材成果和论著，并以参考文献形式列于最后，以利于学生深入理解并开展探究性学习。

本教材由南京大学王栋、吴吉春、吴剑锋、王远坤主编。全书共分为七章，第一章由王远坤和王栋编写；第二章由陈扣平和王栋编写；第三章由王远坤和王栋编写；第四章由曾献奎和王栋编写；第五章由吴剑锋和吴吉春编写；第六章由曾献奎和吴吉春编写；第七章由祝晓彬和吴吉春编写。南京大学研究生陶雨薇、刘文月、贺新月、邱如健、李小兰、沈时、鞠小裴等提供了帮助。

中国科学院院士薛禹群教授、中国工程院院士张建云教高、河海大学董增川教授和陈元芳教授、天津大学冯平教授、武汉大学梅亚东教授主审全书，国内多位前辈和专家予以宝贵指导，编者谨致衷心感谢。中国水利水电出版社的编辑同志为本书的出版付出了大量辛勤劳动，在此一并表示诚挚感谢。

本教材的编写和出版还得到了南京大学和江苏省教育厅的高度重视与大力支持，入选"十三五"江苏省高等学校重点教材立项建设，特此一并致谢。全体编写人员充分利用了夜晚、休息日、寒假和防疫抗疫特殊时期（减少了野外工作、出差、出国等）的宝贵时间，全力以赴，认真编写，但囿于编者水平有限，加上专业实践育人综合指导教材编写是一项新探索，教材中难免有不妥之处，恳请读者批评指正。

编者

2022 年 10 月

目 录

第一章

水文水利计算课程设计

第一节　暴雨频率设计

一、课程设计目的

通过本课程的学习，学生将了解和掌握暴雨频率计算的基本原理和具体技术方法。

（1）确定相应于给定频率 P 的设计暴雨值 x_p。

（2）在流域的流量资料不足或代表性、一致性较差时，利用暴雨资料推求设计洪水。

（3）用直接法推求设计洪水后，采用间接法推求设计暴雨进行检验。

二、课程设计（知识）基础

水文学原理、水文水利计算、暴雨的基本特性等水文学相关知识。

1. 降雨量等级的划分

降雨量等级划分标准见表 1-1。

表 1-1　　　　　　　　　　　降雨量等级划分标准

24h雨量/mm	<0.1	0.1~9.9	10.0~24.9	25.0~49.9	50.0~99.9	100.0~249.9	≥250.0
等级	零星小雨	小雨	中雨	大雨	暴雨	大暴雨	特大暴雨

注　来自《降水量等级》（GB/T 28592—2012）。

2. 暴雨的形成条件

暴雨的形成条件包括：特别充分的水汽供应、特别强烈的上升运动（动力）、较长的持续时间。

3. 暴雨时空分布的表示方式

（1）时间分布：降雨强度-历时曲线（柱状图），其纵坐标为逐时雨量，横坐标为时间；也可绘制流域面积一定或一定地区上的面平均雨量随时间的变化过程线。

（2）空间分布：

1）等雨量线图，反映暴雨的地区分布不均匀性。

2）面雨深-面积关系曲线（图 1-1）或面雨深与面积和历时关系曲线（DAD 曲线，图 1-2），其线的陡缓，表明降雨空间分布的均匀程度，可以移用至无资料地区。

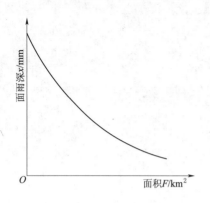

图 1-1　暴雨的面积-面雨深曲线

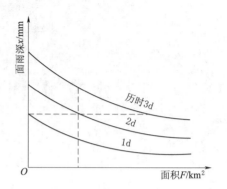

图 1-2　暴雨的历时-面积-面雨深曲线

三、课程设计方法步骤

（一）暴雨资料的搜集、审查、插补延长

暴雨资料的主要来源是国家水文、气象部门所刊印的雨量站网观测资料。搜集资料时也要注意搜集有关部门专用雨量站和当地群众雨量站的观测资料，同时应结合调查搜集暴雨中心范围和历史上特大暴雨资料。

审查暴雨资料时要注意分析其代表性、可靠性、一致性。

有时各站暴雨资料观测时间长短不一，甚至缺测。为了便于进行后续频率计算，应对其进行延长或插补，一般可采用下列几种方法：

（1）如相邻测站距离较近，且在气候一致区内，可以直接借用邻站的资料。

（2）当邻站地区测站较多，大水年份可以绘制暴雨等值线图进行插补，一般年份可用邻近各站的平均值插补。

（3）如与洪水峰量相关关系较好，可以建立暴雨和洪水峰或量的相关关系进行插补。

（4）如两相邻雨量站，短系列站 A 的暴雨均值为 $\bar{P}_A$，而邻近长系列站 B 的暴雨均值为 $\bar{P}_B$，其与 A 站同期的暴雨均值为 $\bar{P}_{BA}$，则 A 站资料延长至与 B 站同期的暴雨均值为 $\bar{P}_{A-B}=(\bar{P}_B / \bar{P}_{BA}) \bar{P}_A$。

（二）设计点暴雨频率计算

1. 计算点暴雨原因

（1）研究区为小流域，以点代面。

（2）在中等流域，仅有中心点雨量 $x_{0,p}$，需要通过暴雨点面关系转换相应面暴雨量 $x_{f,p}$。

2. 计算方法

（1）统计样本选择。

1）选样方法。

年最大值法：适用于所有水利工程，资料条件较好。

年多次法：一年多次，资料系列较短。

超定量法：规定一个阈值，从历史资料中挑出大于该阈值的所有样本。适用于城市排水工程及短系列资料。

2）选样时段。

大中流域：$T=1d$、$3d$、$5d$、$7d$、$15d$、$30d$。

小流域：$T<1d$，$T=1h$、$3h$、$6h$、…、$24h$。

（2）频率计算——经验适线法。根据经验频率找点据，找出配合最佳之频率曲线，相应的分布参数为总体分布参数的估计值。基本步骤如下：

1）点汇经验频率点据。在概率格纸上绘制点据（x_m，p_m），其中 x_m 为观测值 x_1，x_2，…，x_n 由大到小排列的第 m 位数据。p_m 理论上为 $p(X \geqslant x_m)$，常用的期望值计算公式为 $p_m = \dfrac{m}{n+1}$。

2）绘制理论频率曲线。假定 X 分布符合某一总体概率模型（我国规定符合 P - Ⅲ 型曲线），用某种估计方法（通常为矩法）估计分布密度中的未知参数，查 P - Ⅲ 分布的 Φ 值表，得出 p - Φ_p 的对应关系，进而利用公式 $x_p = E(x)(1 + C_v\Phi_p)$ 得出 p - x_p 的对应关系，从而将此理论频率曲线与第一步中的经验频率点据绘制在同一张概率格纸上。暴雨 C_s/C_v 取值见表 1-2。

3）检查拟合情况。如果点线拟合得好，所给参数即为适线法的估计结果。否则，需调整参数，重绘理论频率曲线，直至理论频率曲线与点线拟合好，最终参数即为适线法的估计结果。

表 1-2　　　　　　　　　　　暴雨的 C_s/C_v 取值

地区	$C_v > 0.6$ 地区	$C_v < 0.45$ 地区	一般地区
C_s/C_v	3.0	4.0	3.5

（3）合理性分析。

1）同站不同历时之间的协调：①频率曲线不交叉；②不同历时的频率曲线变化平缓，避免突变。

注意：①所有点距总体拟合最优；②C_v（变差系数）- D（历时）间：一般呈铃形分布，较小和较长历时 D 对应 C_v 小，中间历时 D 对应 C_v 大。

干旱区：$C_{vmax} \sim D < 1h$；

中部地区：$C_{vmax} \sim D = 6h$；

沿海地区：$C_{vmax} \sim D \geqslant 1d$。

2）单站成果在区域上协调。与所在区域或邻近地区观测的特大暴雨资料及设计成果对比，量级上应协调一致。

（三）设计面暴雨频率计算

1. 设计面暴雨的直接计算

当流域内长期站分布较密，资料充分时，可根据工程所在地以上流域内各年的最大面雨量系列直接进行频率分析计算。步骤为：选样—插补延展—三性审查—频率分析—合理性检查。

2. 设计面暴雨的间接计算

对于资料短缺的中小流域或者流域面积较大，设计暴雨历史较短，以设计点暴雨量代表设计面暴雨量误差较大时，采用设计点暴雨量和点面关系间接推算设计面暴雨量。

（1）定点定面的点面关系转换。当流域中心或附近有长系列资料的雨量站，某时段固定面的暴雨量为

$$P_F = P_0 \alpha_0$$

式中：α_0 为点面折减系数；P_F、P_0 分别为某种时段固定面及固定点暴雨量。

可按照设计时段选几次大暴雨的 α_0，加以平均，作为设计计算用的点面折减系数。有时面雨量资料不多，进行 α_0 的频率分析有困难，可近似用大暴雨的 α_0 平均值。若邻近地区有较长系列的资料，则可用邻近地区固定点和固定流域的或地区综合的同频率点面折减系数。但应注意流域面积、地形条件、暴雨特性等要基本接近，否则不宜采用。

（2）动点动面的点面关系转换。

假设：①设计暴雨中心与流域中心重合；②设计暴雨的点面关系符合平均的点面关系；③假定流域的边界与某条等雨量线重合。

以暴雨中心点面关系代替定点定面关系，即以流域中心设计点暴雨量，地区综合的暴雨中心点面关系去求设计面暴雨量。这种暴雨中心点面关系是按各次暴雨的中心与暴雨分布等值线图求得的（图 1-3）。

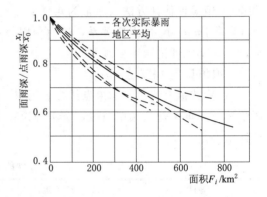

图 1-3　某地区 3d 暴雨点面关系图

（3）间接法存在的问题。

1）大、中流域的点面关系一般较弱，因此不宜采用。

2）定点定面关系未考虑暴雨的地区分布特性。

3）运用时，仅考虑流域面积大小，未考虑形状影响，无法修正。

4）用动点动面代替定点定面时，假设不易满足。

3. 设计面暴雨量计算成果的合理性检查

（1）对各种历时的点、面暴雨量统计参数（如均值、C_v 值等）进行分析比较，面暴雨量的这些统计参数应随面积的增大而逐渐减小。

（2）将间接计算的面暴雨量与邻近流域有条件直接计算的面暴雨量进行比较。

（3）搜集邻近地区不同面积的面雨量和固定点雨量之间的关系，进行比较。

（4）将邻近地区已出现的特大暴雨的历时、面积、雨深资料与设计面暴雨量进行比较。

（四）设计暴雨时空分布计算

求得设计暴雨量以后，还应确定设计暴雨的时空分布，即在时程上的分配和在地区上的分布。

1. 设计暴雨的时程分配

设计暴雨的时程分配一般用典型暴雨同频率控制缩放的方法。

典型暴雨过程，应由实测暴雨资料计算各年最大面暴雨量的过程来选择。若资料不足，可以用流域或邻近地区有较长期资料的点暴雨量过程来代替。

典型暴雨过程选择原则：暴雨量大、强度大、雨峰偏后。

再采用同频率设计暴雨量控制方法，对典型暴雨分时段进行缩放。

控制时段分为长时段：1d、3d、7d、15d 等；短时段：1h、3h、6h、12h、24h。

2. 设计暴雨的地区分布

拟定设计暴雨的地区分布，即做出一张设计流域内设计暴雨的等雨量线图，分为典型暴雨图法、同频率控制法。

四、注意事项

（1）特大暴雨的重现期可根据该次暴雨的雨情、水情和灾情以及邻近地区的长系列暴雨资料分析确定。

（2）当设计流域缺乏大暴雨资料，而邻近地区已出现大暴雨时，可移用邻近地区的暴雨资料加入设计流域暴雨系列进行频率分析，但对移用的可能性及重现期应进行分析，并注意地区差别，进行必要的修正。

（3）设计暴雨的统计参数及设计值必须进行地区综合分析和合理性检查。

五、思考题

（1）若研究站点缺少连续的暴雨观测数据，该如何进行数据资料的插补、延长？

（2）如何绘制暴雨累积频率曲线？设计频率标准如何确定？

（3）重现期（T）与频率（P）有何关系？千年一遇的暴雨发生的频率 P 为多大？

第二节　设计暴雨过程线计算

一、课程设计目的

（1）掌握设计面暴雨量的计算方法——直接法与间接法，以及各方法的适用情况。

（2）掌握设计暴雨的时程分配计算，得到暴雨设计过程线。

二、课程设计（知识）基础

（1）暴雨资料的收集方法。

（2）暴雨资料的"三性审查"内容。

（3）流域平均（面）雨量的计算方法。

（4）设计年径流的年内分配计算。

三、课程设计方法步骤

首先根据暴雨资料应用直接法或间接法推求设计面暴雨量，进而计算设计暴雨过程线。设计面暴雨量一般有两种计算方法：当设计流域雨量站较多、分布较均匀、各站又有长期的同期资料、能求出比较可靠的流域平均雨量（面雨量）时，就可直接选取每年指定统计时段的面暴雨量，进行频率计算求得设计面暴雨量，这种方法常称为设计面暴雨量计算的直接法；另一种方法是当设计流域内雨量站稀少，或观测系列甚短，或同期观测资料很少甚至没有，无法直接求得设计面暴雨量时，只好先求流域中心附近代表站的设计点暴雨量，然后通过暴雨点面关系，求相应设计面暴雨量，本法被称为设计面暴雨量计算的间接法。

1. 直接法推求设计面暴雨量

（1）暴雨资料的统计选样。在收集流域内和附近雨量站的资料并进行分析审查的基础上，先根据当地雨量站的分布情况，选定推求流域平均（面）雨量的计算方法（如算术平均法、泰森多边形法或等雨量线图法等），计算每年各次大暴雨的逐日面雨量。然后选定不同的统计时段，按独立选样的原则，统计逐年不同时段的年最大面雨量。

对于大、中流域的暴雨统计时段，我国一般取 1d、3d、7d、15d、30d，其中 1d、3d、7d 暴雨是一次暴雨的核心部分，是直接形成所求的设计洪水部分；而统计更长时段的雨量则是为了分析暴雨核心部分起始时刻流域的蓄水状况。

（2）面雨量资料的插补展延。一般而言，以多站雨量资料求得的流域平均雨量，其精度较以少站雨量资料求得的更高。为提高面雨量资料的精度，需设法插补展延较短系列的多站面雨量资料。一般可利用近期多站平均雨量与同期少站平均雨量建立关系。若相关关系好，可利用相关线展延多站平均雨量作为流域面雨量。为了解决同期观测资料较短、相关点据较少的问题，在建立相关关系时，可利用一年多次法选样，以增添一些相关点据，更好地确定相关线。

（3）特大值的处理。暴雨资料系列的代表性与系列中是否包含特大暴雨有直接关系。一般的暴雨变幅不是很大，若系列中不包含特大暴雨，统计参数 $\bar{x}$、C_v 往往会偏小。在短期资料系列中，一旦加入一次罕见的特大暴雨，就可以使原频率计算成果完全改观。特大值对统计参数 $\bar{x}$、C_v 值影响很大，如果能够利用其他资料信息，准确估计出特大值的重现期，无疑会提高系列代表性。

判断大暴雨资料是否属特大值，一般可从经验频率点据偏离频率曲线的程度、模比系数 K_p 的大小、暴雨量级在地区上是否很突出，以及论证暴雨的重现期等方面进行分析判断。若本流域没有特大暴雨资料，则可进行暴雨调查，或移用邻近流域已发生过的特大暴雨资料。

特大值处理的关键是确定重现期。一般认为，当流域面积较小时，流域平均雨量的重现期与相应洪水的重现期相近。

（4）面雨量频率计算。面雨量统计参数的估计，我国一般采用适线法。《水利水电工程设计洪水计算规范》（SL 144—2006）规定，其经验频率公式采用期望值公式，线型采用 P-Ⅲ型。根据我国暴雨特性及实践经验，我国暴雨的 C_s 与 C_v 的比值见表 1-2，可供适线时参考。

（5）设计面暴雨量计算成果的合理性检查。对计算结果从不同历时对比、统计参数的地区协调性、不同方法对比等方面进行检查，分析比较其是否合理，从而确定设计面雨量。

2. 间接法推求设计面暴雨量

(1) 设计点暴雨量的计算。推求设计点暴雨量，此点最好在流域的形心处，如果流域形心处或附近有一观测资料系列较长的雨量站，则可利用该站的资料进行频率计算，推求设计点暴雨量。如不在流域中心或其附近，可先求出流域内各测站的设计点暴雨量，然后绘制设计暴雨量等值线图，用地理插值法推求流域中心点的设计暴雨量。

(2) 设计面暴雨量的计算。流域中心设计点暴雨量求得后，要用点面关系折算成设计面暴雨量。

1) 定点定面关系。如流域中心或附近有长系列资料的雨量站，流域内有一定数量且分布比较均匀的其他雨量站资料时，可以用长系列站作为固定点，以设计流域作为固定面，根据同期观测资料，建立各种时段暴雨的点面关系。也就是，对于一次暴雨某种时段的固定点暴雨量，有一个相应的固定面暴雨量，则在定点定面条件下的点面折减系数 α_0 为

$$\alpha_0 = x_F / x_0$$

式中：x_F、x_0 为某种时段固定面及固定点的暴雨量。

有了若干次某时段暴雨量，则可有若干个 α_0 值。对于不同时段暴雨量，则又有不同的 α_0 值。于是，可按设计时段选几次大暴雨值加以平均，作为设计计算用的点面折减系数。将前面所求得的各时段设计点暴雨量，乘以相应的点面折减系数，就可得出各种时段设计面暴雨量。

2) 动点动面关系。在缺乏暴雨资料的流域上求设计面暴雨量时，可以暴雨中心点面关系代替定点定面关系，即以流域中心设计点暴雨量及地区综合的暴雨中心点面关系去求设计面暴雨量。这种暴雨中心点面关系是按照各次暴雨中心与暴雨分布等值线图求得的，各次暴雨中心的位置和暴雨分布不尽相同，所以说是动点动面关系。

该方法包含了 3 个假定：①设计暴雨中心与流域中心重合；②设计暴雨的点面关系符合平均的点面关系；③假定流域的边界与某条等雨量线重合。这些假定，在理论上是缺乏足够根据的，使用时，应分析几个与设计流域面积相近的流域或地区的定点定面关系作验证，如差异较大，应作一定修正。

3. 设计暴雨过程线计算

(1) 典型暴雨的选择和概化。典型暴雨过程应在暴雨特性一致的气候区内选择有代表性的面雨量过程，若资料不足，也可由点暴雨量过程来代替。有代表性，是指典型暴雨特征能够反映设计地区情况，符合设计要求，如该类型出现次数较多，分配形式接近多年平均和常遇情况，雨量大，强度也大，且对工程安全较不利的暴雨过程。较不利的过程通常指暴雨核心部分出现在后期，形成洪水的洪峰出现较迟，对安全影响较大的暴雨过程。在缺乏资料时，可以引用各省（自治区、直辖市）水文手册中按地区综合概化的典型雨型（一般以百分数表示）。

(2) 缩放典型过程，计算设计暴雨过程线。选定了典型暴雨过程后，就可用同频率设计暴雨量控制方法，对典型暴雨分段进行缩放，与设计年径流的年内分配计算方法

相同。

四、注意事项

（1）对特大暴雨的重现期必须作深入细致的分析论证，若没有充分的依据，就不宜作特大值处理。若误将一般大暴雨作为特大值处理，会使频率计算结果偏低，影响工程安全。

（2）在频率计算时，最好将不同历时的暴雨量频率曲线点绘在同一张概率格纸上，并注明相应的统计参数，加以比较。各种频率的面雨量都必须随统计时段增大而加大，如发现不同历时频率曲线有交叉等不合理现象时，应作适当修正。

（3）利用定点定面关系计算设计面暴雨量时，在设计计算情况下，理应用设计频率的α_0值，但由于暴雨量资料不多，作α_0的频率分析有困难，因而近似地用大暴雨的α_0平均值，这样算出的设计面暴雨量与实际要求有一定出入。如果邻近地区有较长系列的资料，则可用邻近地区固定点和固定流域的或地区综合的同频率点面折减系数。但应注意，流域面积、地形条件、暴雨特性等要基本接近，否则不宜采用。

（4）在间接法推求面暴雨量时，应优先使用定点定面关系，同时由于大中流域点面雨量关系一般都很微弱，所以通过点面关系间接推求设计面暴雨的偶然误差较大。在有条件的地区应尽可能采用直接法。

同频率法计算设计暴雨过程线时，控制放大的时段划分不宜过细，一般以 1d、3d、7d 控制。对暴雨核心部分 24h 暴雨的时程分配，时段划分视流域大小及汇流计算所用的时段而定，一般取 1h、2h、3h、6h、12h、24h 控制。

五、思考题

（1）请简述在计算设计暴雨量的过程中，采用直接法与间接法的具体操作步骤。

（2）若设计流域暴雨资料系列中没有特大暴雨，则推求的暴雨均值、离势系数 C_v 取值会如何变化？为什么？

（3）流域平均雨量的重现期与相应洪水的重现期有怎样的关系？

第三节　产　汇　流　计　算

一、课程设计目的

（1）了解流域产流量的影响因素，掌握蓄满产流和超渗产流的计算方法。

（2）了解流域汇流的物理过程和计算方法。

二、课程设计（知识）基础

（1）掌握降雨径流要素的计算方法：流域产汇流计算一般需要先对实测暴雨、径流和蒸发等资料进行一定的整理分析，以便在定量上研究它们之间的因果关系和规律。

（2）掌握蓄满产流和超渗产流的基本概念，及其产流面积变化过程的分析方法。

三、课程设计方法步骤

（一）流域产汇流计算基本内容与流程

由流域降雨推求流域出口的流量过程，大体上分为两个步骤。

（1）产流计算：降雨扣除植物截留、蒸发、下渗、填洼等各种损失之后，剩下的部分称为净雨，在数量上等于它所形成的径流深。形成地面径流的净雨称为地面净雨，而形成地下径流的净雨称为地下净雨。在我国常称净雨量为产流量，降雨转化为净雨的过程为产流过程，关于净雨的计算称为产流计算。

（2）汇流计算：净雨沿着地面和地下汇入河网，然后经河网汇集到流域出口断面，形成径流的过程为汇流过程，关于流域汇流过程的计算称为汇流计算。

产汇流计算流程如图 1-4 所示。

图 1-4　产汇流计算流程简图

流域产汇流计算的方法很多，本课程主要介绍目前使用比较普遍和比较成熟的计算原理及其计算方法。产流计算方法因产流方式不同而异，分别阐述蓄满产流方式和超渗产流方式的产流计算方法；汇流计算方法重点阐述时段单位线法和瞬时单位线法。

（二）流域产流计算

1. 降雨径流相关法

（1）相关图的建立。降雨径流相关是在成因分析与统计相关相结合的基础上，用每场降雨过程流域的面平均雨量和相应产生的径流量，以及影响径流形成的主要因素建立的一种定量的经验关系。

影响降雨径流关系的主要因素有：前期影响雨量 P_a 或流域起始蓄水量 W_0、降雨历时、降雨强度、暴雨中心位置、季节等。生产上最常用的是 $R = f(P, P_a)$ 三变量相关图。

以 R 为横坐标，P 为纵坐标，将 (P_i, R_i) 点绘于坐标图上，标明各点的参变量 P_a 值，根据参变量的分布规律及降雨产流的基本原理，绘制 P_a 等值线簇，如图 1-5 所示。

$P - P_a - R$ 相关图具有以下特征：

1）P_a 曲线簇在 45°直线的左上侧，P_a 值越大，越靠近 45°线，即降雨损失量越小。

2）每一条 P_a 等值线都存在一个转折点，转折点以上的 P_a 线呈 45°直线，转折点以下为大于 45°的曲线。

3）P_a 直线段之间的水平间距相等。

（2）相关图的应用。$P - P_a - R$ 相关图作好后，就可以根据降雨过程及降雨开始时的 P_a 在图上求出净雨过程，如图 1-6 所示。

有一场两个时段的降雨，第一时段雨量为 P_1，第二时段雨量为 P_2。降雨开始时 P_a 为 80mm，在图 1-6 $P_a = 80$mm 的线上由 P_1 查得产流量为 R_1，再由 $P_1 + P_2$ 查得产流量为 $R_1 + R_2$，则第二时段净雨 $R_2 = (R_1 + R_2) - R_1$。对于多时段降雨过程，依此类推就可求出净雨过程，即产流量过程。若降雨开始时 P_a 不在等值线上，可用内插方法查算。

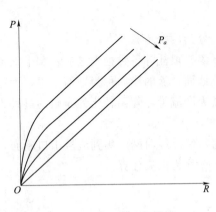

图 1-5　降雨径流相关图

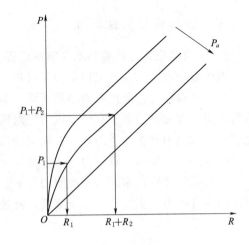

图 1-6　降雨径流相关法推求净雨过程示意图

2. 蓄满产流的产流量计算

蓄满产流以满足包气带缺水量为产流的控制条件，包气带缺水量可根据流域蓄水容量曲线和降雨起始土壤含水量确定。

图 1-7 中已明确当 $W_0 = W$ 时 PE 所产生的径流量为图中阴影面积，本节的任务是进行产流量的定量计算。为此需先解决以下问题：①确定流域蓄水容量曲线的线型；②计算 W_0 对应的纵坐标 A；③蒸发计算。

（1）流域蓄水容量曲线的线型。

$$\alpha = \varphi(W'_m) = 1 - \left(1 - \frac{W'_m}{W'_{mm}}\right)^B$$

式中：W'_{mm} 为流域最大点蓄水容量；B 为蓄水容量曲线的指数，反映流域中蓄水容量的不均匀性。

根据流域蓄水容量曲线的定义，曲线所包围的面积为流域蓄水容量 WM，即

$$WM = \int_0^{W'_{mm}} (1 - \alpha)\,\mathrm{d}W'_m = \int_0^{W'_m} \left(1 - \frac{W'_m}{W'_{mm}}\right)^B \mathrm{d}W'_m = \frac{W'_{mm}}{1 + B}$$

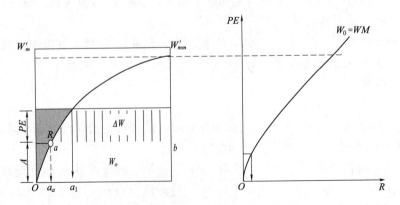

图 1-7　$W_0 = W$ 时降雨-径流关系示意图

$$W'_{mm} = (1+B)WM$$

（2）计算 W_0 对应的纵坐标 A。由图 1-7 可知

$$W_0 = \int_0^A (1-\alpha)\,\mathrm{d}W'_m = \int_0^A \left(1 - \frac{W'_m}{W'_{mm}}\right)^B \mathrm{d}W'_m$$

$$W_0 = -W'_{mm} \int_0^A \left(1 - \frac{W'_m}{W'_{mm}}\right)^B \mathrm{d}\left(1 - \frac{W'_m}{W'_{mm}}\right)$$

$$= -\frac{W'_{mm}}{1+B}\left(1 - \frac{W'_m}{W'_{mm}}\right)^{B+1} \Bigg|_0^A = WM - WM\left(1 - \frac{A}{W'_{mm}}\right)^{B+1}$$

故

$$A = W'_{mm}\left[1 - \left(1 - \frac{W_0}{W_m}\right)^{\frac{1}{B+1}}\right]$$

降雨开始时，图中 a 点左边的 α_a 面积上已经蓄满，a 点右边未蓄满，$(1-\alpha_a)$ 面积上的初始蓄水量为 A。

（3）蒸发计算。在降雨期，降雨扣除蒸发后才能参与产流计算；在无雨期，蒸发消耗了土壤中的含水量，影响降雨开始时的土壤含水量，从而也影响产流量，可见蒸发计算对产流计算的重要性。

常用的蒸发模型有以下三种：

1）一层蒸发模型。一层蒸发模型假定流域蒸发量与流域蒸发能力和流域蓄水量呈正比，计算公式如下

$$E_{\Delta t} = EM_{\Delta t}\,\frac{W_t}{WM}$$

式中：$E_{\Delta t}$、$EM_{\Delta t}$ 为 Δt 时段内流域的蒸发量与蒸发能力，mm；WM、W_t 为流域蓄水容量和时段初流域蓄水量，mm。

一层蒸发模型虽然简单，但没有考虑土壤水分在垂直剖面中的分布情况。如久旱之后下小雨，W_t 很小，算出的 $E_{\Delta t}$ 很小，但由于雨实际上分布在表面上，很容易蒸发。所以一层蒸发模型计算的蒸发量比实际的蒸发量偏小。

2）二层蒸发模型。二层蒸发模型把流域蓄水容量 WM 分为上下两层：WUM 和 WLM，$WM = WUM + WLM$。实际蓄水量相应分为上下两层：WU_t 和 WL_t，$W_t = WU_t + WL_t$。实际蒸发量也相应分为上下两层：$EU_{\Delta t}$ 和 $EL_{\Delta t}$，$E_{\Delta t} = EU_{\Delta t} + EL_{\Delta t}$。并假定：下雨时，先补充上层缺水量，满足上层后再补充下层。蒸发则先消耗上层的蓄水量，上层蒸发完了再消耗下层。计算公式如下：

当 $P_{\Delta t} + WU_t \geqslant EM_{\Delta t}$ 时

$$EU_{\Delta t} = EM_{\Delta t},\ EL_{\Delta t} = 0,\ E_{\Delta t} = EU_{\Delta t} + EL_{\Delta t}$$

当 $P_{\Delta t} + WU_t < EM_{\Delta t}$ 时

$$EU_{\Delta t} = P_{\Delta t} + WU_t,\ EL_{\Delta t} = (EM_{\Delta t} - EU_{\Delta t})\,\frac{WL_t}{WLM},\ E_{\Delta t} = EU_{\Delta t} + EL_{\Delta t}$$

二层蒸发模型相对于一层模型有所改进。久旱以后，WL_t 已很小，算出的 $EL_{\Delta t}$ 很小，但此时植物根系仍可将深层水分供给蒸发。所以二层蒸发模型计算的蒸发量也比实际的蒸发量偏小。

3) 三层蒸发模型。三层蒸发模型把流域蓄水容量 WM 分为上下三层：WUM、WLM 和 WDM，$WM=WUM+WLM+WDM$。实际蓄水量相应分为上下三层：WU_t、WL_t 和 WD_t，$W_t=WU_t+WL_t+WD_t$。实际蒸发量也相应分为上下三层：$EU_{\Delta t}$、$EL_{\Delta t}$ 和 $ED_{\Delta t}$，$E_{\Delta t}=EU_{\Delta t}+EL_{\Delta t}+ED_{\Delta t}$。并假定：下雨时，先补充上层缺水量，满足上层后再补下层，满足下层后再补充深层。蒸发则先消耗上层蓄水量，上层水量不足再蒸发下层，下层水量不足再蒸发深层。计算过程如图 1-8 所示。

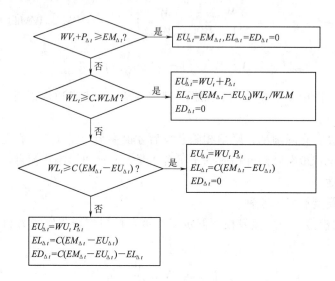

图 1-8　三层蒸发模型计算框图

（4）产流计算公式。图 1-7 中已明确当 $W_0=W$ 时 $PE_{\Delta t}$ 所产生的径流量为图中阴影面积（其中 $PE_{\Delta t}=P_{\Delta t}-E_{\Delta t}$）。

当 $PE_{\Delta t}+A<W_{mm}^t$ 时，为局部产流，有

$$R_{\Delta t}=\int_0^{PE_{\Delta t}+A}\left[1-\left(1-\frac{W'_m}{W'_{mm}}\right)^B\right]\mathrm{d}W'_m$$

$$=PE_{\Delta t}-(WM-W_0)+WM\left(1-\frac{PE_{\Delta t}+A}{W'_{mm}}\right)^{B+1}$$

当 $PE_{\Delta t}+A>W_{mm}^t$ 时，为全流域产流，有

$$R_{\Delta t}=PE_{\Delta t}-(WM-W_0)$$

（5）流域蓄水量计算。产流计算是逐时段进行的，每个时段的产流计算都需确定时段初的流域蓄水量。设一场暴雨起始的流域蓄水量 W_0 已知，它就是第 1 时段初的流域蓄水量，第 1 时段末的流域蓄水量就是第 2 时段初的流域蓄水量，时段末流域蓄水量的计算公式如下

$$W_{t+\Delta t}=W_t+P_{\Delta t}-E_{\Delta t}-R_{\Delta t}$$

（6）产流过程计算。蓄满产流连续计算的步骤如下：

1）根据本时段初的 W_t、本时段的 $P_{\Delta t}$ 和流域蒸发能力 $EM_{\Delta t}$，按三层蒸发模型计算本时段的 $E_{\Delta t}$。

2）根据本时段的 $P_{\Delta t}$ 和由第 1）步计算的本时段 $E_{\Delta t}$，计算本时段的 $PE_{\Delta t}$。

3）根据本时段初的 W_t 和由第 2）步计算的本时段 $PE_{\Delta t}$ 计算本时段的 $R_{\Delta t}$。

4）根据本时段初的 W_t、本时段的 $P_{\Delta t}$ 和由第 1）、2）、3）步计算的 E_t、R_t，计算本时段末的 W_{t+1}。

5）本时段末的 W_{t+1} 即下一时段初的流域土壤含水量，于是进入下一时段的计算。

（7）地面地下径流的划分。以上求得的总径流量包括地面径流和地下径流。为对地面径流和地下径流分别进行汇流计算，需要进行水源划分。

首先明确一点，只有产流面积上才存在水源划分的问题。设产流面积为 FR，则产流面积上 $PE_{\Delta t}$ 都转化成径流，$R_{\Delta t}=(FR/F)PE_{\Delta t}$。若 $PE_{\Delta t}\geqslant f_c\Delta t$，按 f_c 下渗形成地下径流，来不及下渗部分成为地面径流；若 $PE_{\Delta t}<f_c\Delta t$，全部下渗形成地下径流。

当 $PE_{\Delta t}\geqslant f_c\Delta t$ 时

$$RG_{\Delta t}=(FR/F)f_c\Delta t=(R_{\Delta t}/PE_{\Delta t})f_c\Delta t$$

当 $PE_{\Delta t}<f_c\Delta t$ 时

$$RG_{\Delta t}=R_{\Delta t}$$

所以总地下径流为

$$\sum RG_{\Delta t}=\sum_{P_{\Delta t}-E_{\Delta t}\geqslant f_c\Delta t}\frac{R_{\Delta t}}{P_{\Delta t}-E_{\Delta t}}f_c\Delta t+\sum_{P_{\Delta t}-E_{\Delta t}<f_c\Delta t}R_{\Delta t}$$

f_c 可以利用实测的降雨径流资料分析得到，首先要推求出一次洪水的地下径流总量 $\sum RG_{\Delta t}$，及相应的降雨过程 $P_{\Delta t}\text{-}t$、蒸散发过程 $E_{\Delta t}\text{-}t$、产流量过程 $R_{\Delta t}\text{-}t$。

3. 超渗产流的产流量计算

超渗产流以雨强 i 是否超过下渗能力 f_p 为产流的控制条件。因此，用实测的雨强过程 $i(t)\text{-}t$ 扣除下渗过程 $f_p(t)\text{-}t$，就可得净雨过程。

（1）$f_p(t)\text{-}t$、$F_p(t)\text{-}t$、$f_p\text{-}F_p$ 曲线。设下渗曲线用霍顿公式，根据物理意义，对该式从 $0\sim t$ 积分，有

$$F_p(t)=f_ct+\frac{1}{\beta}(f_0-f_c)-\frac{1}{\beta}(f_0-f_c)\mathrm{e}^{-\beta t}$$

式中：$F_p(t)$ 为（0，t）时段内的累积下渗水量。

由 $f_p(t)\text{-}t$ 和 $F_p(t)\text{-}t$ 曲线可得到 $f_p\text{-}F_p$ 曲线（图 1-9）。因 $F_p(t)$ 数值上等于 t 时刻流域的土壤含水量 W_t，所以 $f_p\text{-}F_p$ 曲线实际上相当于 $f_p\text{-}W$ 曲线。

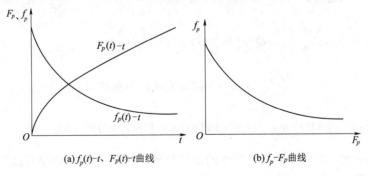

(a)$f_p(t)\text{-}t$、$F_p(t)\text{-}t$曲线　　　　(b)$f_p\text{-}F_p$曲线

图 1-9　$f_p(t)\text{-}t$、$F_p(t)\text{-}t$ 和 $f_p\text{-}F_p$ 曲线示意图

（2）超渗产流量计算：应用 $f_p(t)-t$ 和 f_p-W 曲线推求产流量。将降雨过程划分为不同的计算时段，逐时段计算的步骤如下：

1）根据降雨开始时流域的土壤含水量 W_0，在 f_p-W 曲线上查出本次降雨开始时土壤的下渗能力 f_0。

2）将第一时段平均雨强 $\overline{i_1}$ 与 f_0 比较：当 $\overline{i_1} \leqslant f_0$，本时段不产流。时段内的降雨全部下渗，下渗水量 $I_1 = \overline{i_1}\Delta t_1$，时段末流域土壤含水量 $W_1 = W_0 + I_1$；当 $\overline{i_1} > f_0$，本时段产流。以时段初下渗率 f_0 在 f_p-t 曲线上查出对应的时间 t_0，再以 $t_0 + \Delta t_1 = t_1$ 在 f_p-t 曲线上查出时段末的下渗率 f_1，又以 f_1 在 f_p-W 曲线上查出时段末的流域土壤含水量 W_1，本时段的下渗水量 $I_1 = W_1 - W_0$，而第 1 时段的产流量 $R_1 = \overline{i_1}\Delta t_1 - I_1$。

3）第一时段末的下渗能力和土壤含水量即为第二时段初的数值，重复第 2）步即可实现逐时段的产流量计算。

（三）流域汇流计算

1. 流域出口断面流量的组成

（1）基本概念及含义。流域汇流是指在流域各点产生的净雨，经过坡地和河网汇集到流域出口断面，形成径流的全过程。

同一时刻在流域各处形成的净雨距流域出口断面有远有近、流速有大有小，所以不可能全部在同一时刻到达流域出口断面。但是，不同时刻在流域内不同地点产生的净雨，却可以在同一时刻流达流域的出口断面，如图 1-10 所示。

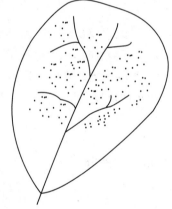

（2）流量成因公式及汇流曲线。设 $t-\tau$ 时刻的净雨强为 $i(t-\tau)$，由于流域调蓄作用的存在，$t-\tau$ 时刻降落在流域上的净雨不可能全部在同一时刻流到出口断面，只有那些流达时间为 τ 的净雨质点（将所有质点面积的总和称为等流时面积）才正好在 t 时刻到达出口断面。所形成的出口断面的流量为

图 1-10　等流时面积分布示意图

$$\mathrm{d}Q(t) = i(t-\tau)\mathrm{d}F(\tau) \text{ 或 } \mathrm{d}Q(t) = i(t-\tau)\frac{\partial F(\tau)}{\partial \tau}\mathrm{d}\tau$$

$$Q(t) = \int_0^t i(t-\tau)\frac{\partial F(\tau)}{\partial \tau}\mathrm{d}\tau$$

$$\frac{\partial F(\tau)}{\partial \tau} = u(\tau) \text{ 称为流域汇流曲线，则}$$

$$Q(t) = \int_0^t i(t-\tau)u(\tau)\mathrm{d}\tau = \int_0^t i(\tau)u(t-\tau)\mathrm{d}\tau$$

上式称为卷积公式，表明流域出口断面的流量过程取决于流域内的净雨过程和汇流曲线。因此，汇流计算的关键是确定流域的汇流曲线。实际工作中，常用的汇流曲线有等流时线、单位线、瞬时单位线等。

2．单位线

（1）单位线的基本概念：在给定的流域上，单位时段内分布均匀的单位直接净雨量，在流域出口断面所形成的流量过程线。单位净雨量常取 10mm，单位时段可取 1h、3h、6h、12h 等，依流域大小而定。

采用单位线法进行汇流计算基于以下假定。

1）倍比假定：如果单位时段内的净雨不是一个单位而是 k 个单位，则形成的流量过程是单位线纵坐标的 k 倍。

2）叠加假定：如果净雨不是一个时段而是 m 个时段，则形成的流量过程是各时段净雨形成的部分流量过程错开时段叠加。

根据以上假定，出口断面流量公式的表达式为

$$Q_i = \sum_{j=1}^{m} \frac{h_j}{10} q_{i-j+1} \begin{cases} i=1,2,\cdots,l \\ j=1,2,\cdots,m \\ i-j+1=1,2,\cdots,n \end{cases}$$

式中：Q_i 为流域出口断面各时刻的直接径流流量值，m^3/s；h_j 为各时段的直接净雨量，mm；q_{i-j+1} 为单位线各时刻纵坐标，m^3/s；m 为净雨时段数；n 为单位线时段数。

（2）单位线的推求。分析法推求单位线的步骤如下：

1）从实测资料中选降雨、洪水过程，要求降雨时空分布较均匀，雨型和洪水呈单峰，洪水起涨流量小，过程线光滑。

2）推算净雨过程和分割直接径流，要求直接净雨等于直接径流深。

3）解线性代数方程组求不同时刻单位线的纵坐标。

例：对以下方程组，线框内的量均已知，由第 1 个方程解出 q_1，将 q_1 代入第 2 个方程解出 q_2，将 q_2 代入第 3 个方程解出 q_3，依此类推。

$$\begin{aligned}
\boxed{Q_{d,1}} &= \boxed{r_{d,1}} \; q_1 \\
\boxed{Q_{d,2}} &= \boxed{r_{d,1}} \; q_2 + \boxed{r_{d,2}} \; q_1 \\
\boxed{Q_{d,3}} &= \boxed{r_{d,1}} \; q_3 + \boxed{r_{d,2}} \; q_2 \\
\boxed{Q_{d,4}} &= \boxed{r_{d,1}} \; q_4 + \boxed{r_{d,2}} \; q_3 \\
\boxed{Q_{d,5}} &= \boxed{r_{d,1}} \; q_5 + \boxed{r_{d,2}} \; q_4
\end{aligned}$$

由于实际上流域汇流并不严格遵循倍比和叠加假定，实测资料及推算的净雨也具有一定的误差，分析法求出的单位线纵坐标有时会呈锯齿状，甚至出现负值。这种情况下应对单位线作光滑修正，但应保持其总量为 10mm。

（3）单位线的时段转换。单位线是有一定时段长的。净雨时段长必须和单位线时段长一致，当两者不一致时，可通过 S 曲线对原单位线进行时段转换。

S 曲线就是单位线各时段累积流量和时间的关系曲线。由一系列单位线加在一起而构成，每一条单位线比前一条单位线滞后 Δt 小时。因时段净雨量连续不断，则地面径流量不断累积，至某一时刻，全流域净雨量参加汇流以后，径流量就成了不变的常数，其形状如 S，如图 1-11 所示。

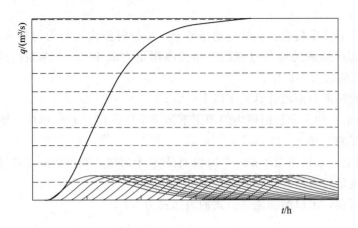

图 1-11 S曲线示意图

四、注意事项

单位线的两个假定不完全符合实际，一个流域上各次洪水分析的单位线常常有些不同，有时差别还比较大。在洪水预报或推求设计洪水时，必须分析单位线存在差别的原因并采取妥善的处理办法。

五、思考题

（1）对于同一流域，影响产流量和汇流量大小的主要因素分别有哪些？

（2）土壤含水量的增加主要靠什么补充？土壤含水量的亏耗主要取决于哪些因素？

（3）计算流域汇流一般有哪些方法？请分析它们的异同点。

第四节　设计洪水过程线推求

一、课程设计目的

（1）掌握由设计流量推求设计洪水的方法，包括同倍比放大法与同频率放大法。

（2）掌握由设计暴雨推求设计洪水的思路。

二、课程设计（知识）基础

（1）洪水资料的调查方法。

（2）设计洪峰流量及洪量的推求。

（3）设计暴雨计算。

（4）流域产流、汇流计算，及求得相应的洪水过程。

三、课程设计方法步骤

1. 设计流量推求设计洪水

（1）典型洪水过程线的选取。典型洪水过程线是放大的基础，从实测洪水资料中选择典型时，资料要可靠，应考虑以下几点：

1）选择峰高量大的洪水过程线，其洪水特征接近设计条件下的稀遇洪水情况。

2）洪水过程线具有一定的代表性，即它的发生季节、地区组成、洪峰次数、峰量关系等能代表本流域上大洪水的特性。

3）从防洪安全着眼，选择对工程防洪运用较不利的大洪水典型，如峰型比较集中、主峰靠后的洪水过程。

（2）同倍比放大法。用同一放大倍比 k 值，放大典型洪水过程线的流量坐标，使放大后的洪峰流量等于设计洪峰流量 Q_{mp}，或使放大后的控制时段 t_k 的洪量等于设计洪量 W_{kp}。

使放大后的洪峰流量等于设计洪峰流量 Q_{mp}，称为"峰比"放大，放大倍比为

$$k = \frac{Q_{mp}}{Q_{md}}$$

使放大后的控制时段的洪量等于设计洪量 W_{kp}，称为"量比"放大，放大倍比为

$$k = \frac{W_{kp}}{W_{kd}}$$

式中：k 为放大倍比；Q_{mp}、W_{kp} 为设计频率为 p 的设计洪峰流量和 t_k 时段的设计洪量；Q_{md}、W_{kd} 为典型洪水过程的洪峰流量和 t_k 时段的洪量。

按上面两式计算放大倍比 k，然后与典型洪水过程线流量坐标相乘，就得到设计洪水过程线。

（3）同频率放大法。在放大典型过程线时，按洪峰和不同历时的洪量分别采用不同倍比，使放大后的过程线的洪峰及各种历时的洪量分别等于设计洪峰和设计洪量。也就是说，经放大后的过程线，其洪峰流量和各种历时洪水总量的频率都符合同一设计标准，称为"峰、量同频率放大"，简称"同频率放大"。

洪峰的放大倍比 k_Q：

$$k_Q = \frac{Q_{mp}}{Q_{md}}$$

最大 1d 洪量的放大倍比 k_1：

$$k_1 = \frac{W_{1p}}{W_{1d}}$$

式中：W_{1p} 为最大 1d 设计洪量；W_{1d} 为典型洪水的最大 1d 洪量。

放大后，可得到设计洪水过程中最大 1d 的部分。对于其他历时，如最大 3d，如果在典型洪水过程线上，最大 3d 包括了最大 1d，因为这一天的过程已放大成 W_{1p}，因此，只需要放大其余两天的洪量，使放大后的这两天洪量 W_{3-1} 与 W_{1p} 之和，恰好等于 W_{3p}，即

$$W_{3-1} = W_{3p} - W_{1p}$$

所以这一部分的放大倍比为

$$k_{3-1} = \frac{W_{3p} - W_{1p}}{W_{3d} - W_{1d}}$$

同理，在放大最大 7d 中，3d 以外的 4d 内的倍比为

$$k_{7-3} = \frac{W_{7p} - W_{3p}}{W_{7d} - W_{3d}}$$

依次可得其他历时的放大倍比。

在典型洪水过程线放大中，由于在两种历时衔接的地方放大倍比 k 不一致，因而放大后在交界处产生不连续现象，使过程线呈锯齿形。此时需要修匀，使其成为光滑曲线，修匀时需要保持设计洪峰和各种历时的设计洪量不变。修匀后的过程线即为设计洪水过程线。

2. 设计暴雨推求设计洪水

求得设计暴雨后，进行流域产流、汇流计算，即可由设计流量求得相应的洪水过程。本节主要介绍在设计条件如暴雨强度及总量较大、当地雨量、流量资料不足等情况下，设计前期影响雨量 P_a 的计算。

（1）取设计 $P_a = I_m$。在湿润地区，当设计标准较高，设计暴雨量较大，P_a 的作用相对较小。由于雨水充沛，土壤经常保持湿润情况，为了安全和简化，可取 $P_a = I_m$。

（2）扩展暴雨过程法。在拟定设计暴雨过程中，加长暴雨历时，增加暴雨的统计时段，把核心暴雨前面一段也包括在内。例如，原设计暴雨采用 1d、3d、7d 共 3 个统计时段，现增长到 30d，即增加 15d、30d 两个统计时段。分别作上述各时段雨量频率曲线，选暴雨核心偏在后面的 30d 降雨过程作为典型，而后用同频率分段控制缩放得 7d 以外 30d 以内的设计暴雨过程。后面 7d 为原先缩放好的设计暴雨核心部分，是推求设计洪水用的。前面 23d 的设计暴雨过程用来计算 7d 设计暴雨发生时的 P_a 值，即设计 P_a。一般可取初始值 $P_a = \frac{1}{2} I_m$ 或 $P_a = I_m$。

（3）同频率法。假如设计暴雨历时为 t 日，分别对 t 日暴雨量 x_t 系列和每次暴雨开始时的 P_a 与暴雨量 x_t 之和即 $x_t + P_a$ 系列进行频率计算，从而求得 x_{tp} 和 $(x_t + P_a)_p$，则与设计暴雨相应的设计 P_a 值可由两者之差求得，即

$$P_{ap} = (x_t + P_a)_p - x_{tp}$$

当得出 $P_{ap} > I_m$，则取 $P_{ap} = I_m$。

四、注意事项

（1）一般按典型洪水过程线的选取条件初步选取几个典型，分别放大，并经调洪计算，取其中偏于安全的作为设计洪水过程线的典型。

（2）两种放大方法的比较。

1）同倍比放大法计算简便，常用于峰量关系好及多峰型的河流。其中，"峰比"放大常用于防洪后果主要由洪峰控制的水工建筑物，"量比"放大则常用于防洪后果主要由时段洪量控制的水工建筑物。此外，同倍比放大后，设计洪水过程线保持典型洪水过程线的形状不变。

2）同频率放大法常用于峰量关系不够好、洪峰形状差别大的河流。这种方法适用于有调洪作用的水利工程，例如调洪作用大的水库等。此法较能适应多种防洪工程的特性，解决控制时段不易确定的困难。目前大、中型水库规划设计中，主要采用此法。另外，成果较少受典型不同的影响，放大后洪水过程线与典型洪水过程线形状可能不一致。

（3）求设计前期影响雨量的 3 种方法中，扩展暴雨过程法用得较多，$P_{ap} = I_m$ 方法仅

适用于湿润地区，在干旱地区包气带不易蓄满，故不宜使用。同频率法在理论上是合理的，但在使用上也存在一些问题，它需要由两条频率曲线的外延部分求差，其误差往往很大，常会出现一些不合理现象，例如设计 P_a 大于 I_m 或设计 P_a 小于零的情况。

五、思考题

(1) 简述小流域设计洪水的计算方法及其适用条件。
(2) 简述典型洪水过程线选择的原则。

第五节　中小型水库的兴利调节计算

一、课程设计目的

(1) 了解水库调节河道径流的意义与基本原理。
(2) 掌握水库库容、水量损失的计算方法。
(3) 熟悉水库设计标准。
(4) 掌握水库兴利调节分类与计算方法。

二、课程设计（知识）基础

(1) 水文地质学基础知识。
(2) 流体力学知识。

三、课程设计方法步骤

1. 绘制水库特性曲线

水库是指在河道、山谷等处修建水坝等挡水建筑物形成蓄集水的人工湖泊，用于拦蓄洪水，调节河川天然径流和集中落差。水库的坝高与水库地形特征共同影响水库的库容，一般把用来反映水库地形特征的曲线称为水库特性曲线。水库特性曲线包括水库水位-面积关系曲线和水库水位-容积关系曲线，简称水库面积曲线和水库容积曲线，是主要的水库特性资料。

(1) 水库面积曲线。水库面积曲线是指水库蓄水位与相应水面面积的关系曲线。水库的水面面积随水位的变化而变化。库区形状与河道坡度不同，水库水位与水面面积的关系也不尽相同。面积曲线反映了水库地形的特性。

绘制水库面积曲线时，一般可根据 1/10000～1/5000 比例尺的库区地形图（图 1-12），用求积仪（或按比例尺数方格）计算不同等高线与坝轴线所围成的水库的面积（高程的间隔可用 1m、2m 或 5m），然后以水位为纵坐标，以水库面积为横坐标，点绘出水位-面积关系曲线，如图 1-13 中的 $Z-A$ 曲线。

(2) 水库容积曲线。水库容积曲线是面积曲线关于水位的积分曲线，即水位 Z 与累积容积（即库容）V 的关系曲线。分别计算各相邻高程间隔内的部分容积，自河底向上累加得相应水位的累计容积，即可绘制出水位-容积曲线，如图 1-13 中的 $Z-V$ 曲线。

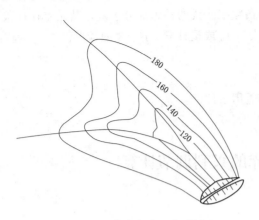

图 1-12　某水库库区地形图

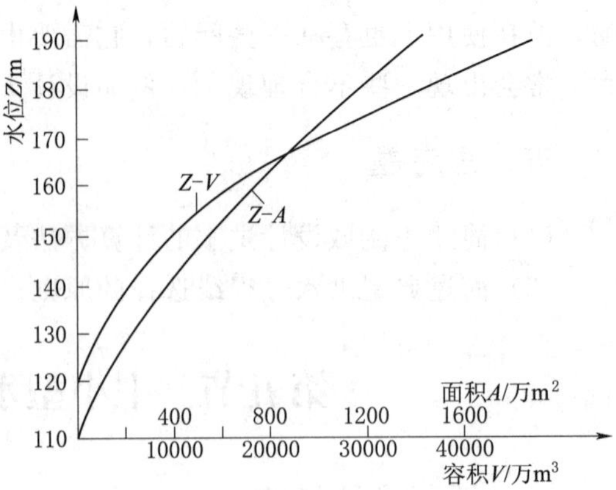

图 1-13　某水库水位-面积和水位-容积关系曲线

水库总库容 V 的大小是水库最主要的指标，通常按此值的大小，把水库划分为五级：①大 I 型——大于 10 亿 m^3；②大 II 型——1 亿～10 亿 m^3；③中型——0.1 亿～1 亿 m^3；④小 I 型——0.01 亿～0.1 亿 m^3；⑤小 II 型——小于 0.01 亿 m^3。

前面所讨论的水库特性曲线，均建立在假定入库流量为 0 时，水库水面是水平的基础上绘制的。这是蓄在水库内的水体为静止（即流速为 0）时，所观察到的水静力平衡条件

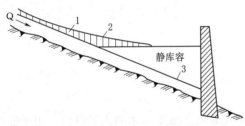

图 1-14　水库动库容示意图

1—楔形蓄量；2—入库流量为 Q 时的水库水面线；

3—流量为 Q 的河流水面线

下的自由水面，故称这种库容为静库容。如有一定入库流量（水流有一定流速）时，则水库水面从坝址起沿程上溯的回水曲线并非水平，越靠近上游，水面越上翘，直至入库端与天然水面相交。因此，相应于坝址上游某一水位的水库库容，实际上要比静库容大，其超出部分如图 1-14 中斜影线所示。静库容相应的坝前水位水平线以上与洪水的实际水面线之间包含的楔形库容称为动库

容。以入库流量为参数的坝前水位与计入动库容的水库容积之间的关系曲线，称为动库容曲线。

一般情况下，按静库容进行径流调节计算，精度已能满足要求。但在需详细研究水库回水淹没和浸没问题或梯级水库衔接情况时应考虑回水影响。对于多沙河流，泥沙淤积对库容有较大影响，应按相应设计水平年和最终稳定情况下的淤积量和淤积形态修正库容曲线。

2. 确定特征水位及其相应库容

表示水库工程规模及运用要求的各种库水位，称为水库特征水位。它们是根据河流的水文条件、坝址的地形地质条件和各用水部门的需水要求，通过调节计算，并从政治、技术、经济等因素进行全面综合分析论证来确定的。这些特征水位和相应的库容，通常有下列几种，分别标在图 1-15 中。

（1）死水位与死库容。水库在正常运用情况下，允许消落的最低水位，称为死水位

$Z_死$。死水位以下的水库容积称为死库容 $V_死$。水库正常运行时蓄水位一般不能低于死水位。除非特殊干旱年份，为保证紧要用水，或其他特殊情况，如战备、地震等要求，经慎重研究，才允许临时泄放或动用死库容中的部分存水。

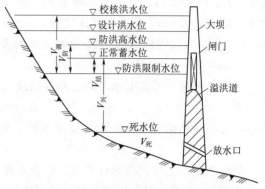

图 1-15 水库特征水位及特征库容示意图
（防洪和兴利结合）

（2）正常蓄水位和兴利库容。在正常运用条件下，水库为了满足设计的兴利要求，在开始供水时应蓄到的水位，称为正常蓄水位 $Z_蓄$，又称正常高水位。正常蓄水位到死水位之间的库容，是水库可用于兴利径流调节的库容，称为兴利库容，又称调节库容或有效容积。正常蓄水位与死水位之间的深度，称为消落深度或工作深度。

（3）防洪限制水位和结合库容。水库在汛期为兴利蓄水允许达到的上限水位称为防洪限制水位，又称汛期限制水位，或简称汛限水位。它是在设计条件下，水库防洪的起调水位。该水位以上的库容可作为滞蓄洪水的容积。当出现洪水时，才允许水库水位超过该水位。一旦洪水消退，应尽快使水库水位回落到防洪限制水位。兴建水库后，为了汛期安全泄洪和减少泄洪设备，常要求有一部分库容作为拦蓄洪水和削减洪峰之用。防洪限制水位或是低于正常蓄水位，或是与正常蓄水位齐平。若防洪限制水位低于正常蓄水位，则将这两个水位之间的水库容积称为结合库容。

（4）防洪高水位和防洪库容。当水库下游有防洪要求时，下游防洪要求的设计洪水从防洪限制水位经水库调节后所达到的最高库水位，称为防洪高水位。它至防洪限制水位之间的库容称为防洪库容。

（5）设计洪水位和拦洪库容。当遇到大坝设计标准洪水时，水库坝前达到的最高水位，称为设计洪水位 $Z_设$。它至防洪限制水位间的水库容积称为拦洪库容 $V_拦$ 或设计调洪库容 $V_设$。

（6）校核洪水位和调洪库容。当遇到大坝校核标准洪水时，水库坝前达到的最高水位，称为校核洪水位 $Z_校$。它至防洪限制水位间的水库容积称为调洪库容 $V_调$ 或校核调洪库容 $V_校$。校核洪水位以下的全部水库容积就是水库的总库容。设计洪水位或校核洪水位加上一定数量的风浪高值和安全超高值，就得到坝顶高程。

3. **计算水库的水量损失**

水库建成蓄水后，因改变河流天然状况及库内外水力条件而引起额外的水量损失，主要包括蒸发损失和渗漏损失，在寒冷地区还可能有结冰损失。

（1）蒸发损失。水库蓄水后，库区形成广阔水面，原有的陆面蒸发变为水面蒸发。由于流入水库的径流资料是根据建库前坝址附近观测资料整编得出，其中已计入陆面蒸发部分。因此，计算时段 Δt（年、月）内水库的蒸发损失是指由陆面面积变为水面面积所增加的额外蒸发量 $\Delta W_蒸$（以 m^3 计），即

$$\Delta W_蒸 = 1000(E_水 - E_陆)(F_库 - f)$$

式中：$E_水$ 为计算时段 Δt 内库区水面蒸发强度，以水层深度计，mm；$E_陆$ 为计算时段 Δt 内库区陆面蒸发强度，以水层深度计，mm；$F_库$ 为计算时段 Δt 内水库平均水面面积，km^2；f 为建库以前库区原有天然河道水面及湖泊水面面积，km^2；1000 为单位换算系数，$1mm \cdot km^2 = 10^6/10^3 \ m^3 = 10^3 \ m^3$。

水库水面蒸发可根据水库附近蒸发站或气象站蒸发资料折算成自然水面蒸发，即

$$E_水 = \alpha E_器$$

式中：$E_器$ 为水面蒸发皿实测水面蒸发，mm；α 为水面蒸发皿折算系数，一般为 $0.65 \sim 0.80$。

陆面蒸发尚无较成熟的计算方法，在水库设计中常采用多年平均降雨量 h_0 和多年平均径流深 y_0 之差，作为陆面蒸发的估算值。

（2）渗漏损失。建库之后，由于水库蓄水，水位抬高，水压力的增大改变了库区周围地下水的流动状态，因而产生了水库的渗漏损失。水库的渗漏损失主要包括以下几个方面：

1）通过能透水的坝身（如土坝、堆石坝等）的渗漏，以及闸门、水轮机等的漏水。

2）通过坝基及绕坝两翼的渗漏。

3）通过库底、库周流向较低的透水层的渗漏。

一般可按渗漏理论的达西公式估算渗漏的损失量。计算时所需的数据（如渗漏系数、渗径长度等）必须根据库区及坝址的水文地质、地形、水工建筑物的型式等条件来决定，而这些地质条件及渗流运动均较复杂，往往难以用理论计算的方法获得较好的成果。因此，在生产实际中，常根据水文地质情况，定出一些经验性的数据，作为初步估算渗漏损失的依据。

（3）结冰损失。结冰损失是指严寒地区冬季水库水面形成冰盖，随着供水期水库水位的消落，一部分库周的冰层将暂时滞留于库周边岸，而引起水库蓄水量的临时损失。这项损失一般不大，可根据结冰期库水位变动范围的面积及冰层厚度估算。

4. 制定水库设计标准

任何水资源工程从规划设计到投入使用，都有一个时间过程。较大的工程往往长达几年或十几年，工程投入使用后的正常使用期一般可达几十年或上百年。在这期间随着社会生产力的发展和人们生活水平的提高，生产和生活对水资源的需求量也随之扩大，而水资源本身又是随机多变的。因此，在规划设计水资源工程时，首先要解决的是，在什么样的来水情况下满足不同时候的需水要求，以及满足这种需水要求的保证程度。这就是所谓设计代表期、设计水平年和设计保证率的问题。

（1）设计水平年。设计水平年是指与电力系统的电力负荷水平相应的未来某一年份，并以该年的国民经济状况与社会背景下的综合用水需求作为水利水电枢纽规划设计的依据。水利工程的设计水平年，应根据其重要程度和工程寿命确定。一般的水利工程，可采用设计水平年和远景水平年两种需水量水平，设计水平年作为水利工程的依据，并按远景水平年进行校核。对于特别重要工程规模的确定，应尽量考虑得更长远一些。水电工程一般采用第一台机组投入后的 $5 \sim 10$ 年作为设计水平年。所选设计水平年应与国民经济五年计划分界年份相一致。

综合利用水利枢纽应先论证、拟定各需水部门的设计水平年。对于以发电为主的综合利用枢纽，设计水平年的选择应根据地区的水力资源比重、水库调节性能及水电站的规模等情况综合分析确定。

（2）设计保证率。由于河川径流具有多变性，如果在稀遇的特殊枯水年份也要保证各兴利部门的正常用水需要，势必要加大水库的调节库容和其他水利设施。这样做在经济上是不合理的，在技术上也不一定行得通。为了避免不合理的工程投资，一般不要求在将来水库使用期间能绝对保证正常供水，而允许水库适当减少供水量。因此，必须研究各用水部门允许减少供水的可能性和合理范围，定出多年工作期间用水部门正常工作得到保证的程度，即正常供水保证率，或简称设计保证率。由此可见，设计保证率是指工程投入运用后的多年期间用水部门的正常用水得到保证的程度，常以百分数表示。

设计保证率通常有年保证率和历时保证率两种形式。年保证率 $P_设$ 指多年期间正常工作年数（即运行年数与允许破坏年数之差）占总运行年数的百分比，即

$$P_设 = \frac{正常工作年数}{总运行年数} \times 100\%$$

破坏年数，包括不能维持正常工作的任何年份，不论该年内缺水时间的长短和缺水数量的多少。历时保证率 $P'_设$ 是指多年期间正常工作的历时（日、旬或月）占总运行历时的百分比，即

$$P'_设 = \frac{正常工作时间（日、旬或月）}{总运行时间（日、旬或月）} \times 100\%$$

采用何种形式的保证率，可视用水特性、水库调节性能及设计要求等因素而定。如灌溉水库的供水保证率常采用年保证率；航运和径流式水电站，由于它们的正常工作是以日数表示的，故一般采用历时保证率。

选择水电站设计保证率时，要分析水电站所在电力系统的用户组成和负荷特性、系统中水电容量比重、水电站的规模及其在系统中的作用、河川径流特性及水库调节性能，以及保证系统用电可能采取的其他备用措施等。可参照表 1-3 提供的范围，经分析选定水电站的设计保证率。

表 1-3　　　　　　　　　　　水 电 站 设 计 保 证 率

电力系统中水电容量比重/%	25 以下	25～50	50 以上
水电站设计保证率/%	80～90	90～95	95～98

注　表中数据引自《水利水电工程动能设计规范》（DL/T 5015—1996）。

选择灌溉设计保证率，应根据灌区土地和水利资源情况、农作物种类、气象和水文条件、水库调节性能、国家对该灌区农业生产的要求以及工程建设和经济条件等因素进行综合分析。可参照表 1-4，适当选定灌溉设计保证率。

由于工业及城市居民给水遭到破坏时，会直接造成生产上的严重损失，并对人民生活产生极大影响，因此，给水保证率要求较高，一般在 95%～99%（年保证率），其中大城

表 1 - 4　　　　　　　　　　　　　灌 溉 设 计 保 证 率

灌溉方式	地　区	作物种类	灌溉设计保证率/%
地面灌溉	干旱地区 或水资源紧缺地区	以旱作物为主	50～75
		以水稻为主	70～80
	半干旱、半湿润地区 或水资源不稳定地区	以旱作物为主	70～80
		以水稻为主	75～85
	湿润地区 或水资源丰富地区	以旱作物为主	75～85
		以水稻为主	80～95
	各类地区	牧草和林地	50～75
喷灌、微灌	各类地区	各类作物	85～95

注　表中数据引自《灌溉与排水工程设计标准》（GB 50288—2018）。

市及重要的工矿区可选取较高值。即使在正常给水遭受破坏的情况下，也必须满足消防用水、生产紧急用水及一定数量的生活用水。航运设计保证率是指最低通航水位的保证程度，用历时（日）保证率表示。航运设计保证率一般按航道等级结合其他因素由航运部门提供。一般一、二级航道保证率为 97%～99%，三、四级航道保证率为 95%～97%，五、六级航道保证率为 90%～95%。

（3）设计代表年和代表期的选择。由设计保证率的概念可知，正常供水的保证程度是相对某一水库多年运用结果而言的。在详细设计阶段，一般可根据长系列水文资料，通过逐时段的调节计算求得正常供水量、调节库容及相应设计保证率之间的关系。但在初步规划阶段，未定因素较多，为了减少进行多方案比较的计算工作量，常从长系列的水文资料中选择一些代表年或代表期的径流资料进行调节计算。

1）设计代表年。在规划设计中常用的设计代表年有设计枯水年、中水年和丰水年。设计枯水年是指与设计保证率 $P_设$ 有一定对应关系的年份，即用该年的径流资料进行调节计算求得的成果（所需的兴利库容或所提供的调节流量）可反映设计保证率的要求。设计中水年指年径流接近于多年平均情况的年份，对该年径流资料进行调节计算所得的成果用于反映水利工程的多年平均效益。设计丰水年一般选年径流频率相当于 $1-P_设$ 的年份为代表，对该年径流资料进行调节计算所得的成果反映丰水条件下的兴利情况。设计枯水年的选择，视计算要求和简化程度的不同，通常可采用水量选年法与调节流量选年法。

2）设计代表期。设计代表期是指一个长达若干年的代表性时期，可用该时期径流资料进行径流调节计算的成果来近似地反映长系列径流调节计算的结果。与设计代表年类似，设计代表期也是径流调节的一种简化法，它适用于多年调节水库。设计枯水年组及中水代表期是常采用的两种代表期。

5. 水库兴利调节分类及计算方法

广义的径流调节是指整个流域内，人类对地面及地下径流的自然过程的一切有意识的干涉。这些措施改变了径流形成的条件，对天然径流起一定的调节作用，有利于防洪兴利。狭义的径流调节是指河川径流在时间和地区上的重新分配，即通过建造和运用水资源工程（枢纽等），将汛期过多的河川径流量蓄存起来，待枯水期来水不足时使用。

（1）水库兴利调节分类。径流调节总体上分为两大类：枯水调节和洪水调节。因枯水调节来水与用水之间矛盾具体表现形式并不相同，需要作进一步的划分，以便在调节计算中掌握其特点。按调节周期长短可划分为以下几类：

1）日调节。在一昼夜内，河中天然流量几乎保持不变（只在洪水涨落时变化较大），而用户的需水要求往往变化较大。这种径流调节，水库中的水位涨落在一昼夜内完成一个循环，即调节周期为24h，故称日调节。日调节的特点是将均匀的来水调节成变动的用水，以适应电力负荷的需要。所需要的水库调节库容不大，一般小于枯水日来水量的一半。

2）周调节。在枯水季节里，河中天然流量在一周内的变化也是很小的，而用水部门由于假日休息，用水量减少，因此，可利用水库将周内假日的多余水量蓄存起来，在其他工作日用。这种调节称周调节，它的调节周期为一周，它所需的调节库容一般不超过一天的来水量。周调节水库一般也可进行日调节，这时水库水位除了一周内的涨落大循环外，还有日变化。

3）年调节。在一年内，河川流量有明显的季节性变化，洪水期流量很大，水量过剩，甚至可能造成洪水灾害；而枯水期流量很小，不能满足综合用水的要求。利用水库将洪水期内的一部分（或全部）多余水量蓄存起来，到枯水期放出以提高供水量。这种对年内丰、枯季的径流进行重新分配的调节称为年调节，它的调节周期为一年。

图1-16为年调节示意图。由图可知，只需一部分多余水量将水库蓄满（图中横线所示），其余的多余水量（斜线部分），只能由溢洪道弃掉。图中竖影线部分表示由水库放出的水量，以补充枯水季天然水量的不足，其总水量相当于水库的调节库容。

水库的兴利库容能够蓄纳设计枯水年丰水期的全部余水量时，称为完全年调节；若兴利库容相对较小，不足以蓄纳设计枯水年丰水期的全部余水量而产生弃水时，称为不完全年调节，或季调节。这是规划设计中划分水库调节性能所采用的界定。必须指出，从水库实际运行看，这种划分是相对的，完全年调节遇到比设计枯水年径流量更丰的年份，就不可能达到完全年调节。年调节水库一般都同时可进行周调节和日调节。

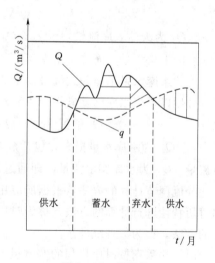

图1-16　年调节

4）多年调节。当水库容积大，丰水年份蓄存的多余水量，不仅用于补充年内供水，而且还可用以补充相邻枯水年份的水量不足，这种能进行年与年之间的水量重新分配的调节，称为多年调节。这时水库可能要经过几个丰水年才蓄满，所蓄水量分配在几个连续枯水年份里用掉（图1-17）。因此，多年调节水库的调节周期长达若干年，而且不是一个常数。多年调节水库，同时也进行年调节、周调节和日调节。

水库属何种调节类型，可用水库库容系数 β 来初步判断。水库库容系数 β 为水库兴利库容与多年平均年水量 W_0 的比值，即 $\beta = V_{兴} / W_0$。具体可参照下列经验系数判断调节类型：$\beta > 30\% \sim 50\%$ 多属多年调节；$3\% \sim 5\% \leqslant \beta < 20\% \sim 25\%$ 多属年调节；$\beta < 2\% \sim 3\%$ 属日调节。

（2）水库兴利调节计算原理与方法。径流调节计算的基本原理是水库的水量平衡。将整个调节周期划分为若干个计算期（一般取月或旬），然后按时历顺序进行逐时段的水库水量平衡计算。某一计算时段 Δt 内水库水量平衡方程式为

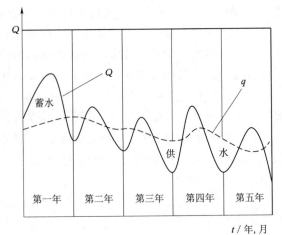

图 1-17　多年调节

$$\Delta W_1 - \Delta W_2 = \Delta V$$

式中：ΔW_1 为时段 Δt 内的入库水量，m^3；ΔW_2 为时段 Δt 内的出库水量，m^3；ΔV 为时段 Δt 内水库蓄水容积的增减值，m^3。

当用时段平均流量表示时，则有

$$Q_I - Q_P = \Delta V / \Delta t = Q_V$$

或

$$\Delta V = (Q_I - Q_P)\Delta t$$

式中：Q_I 为天然入库流量，m^3/s；Q_P 为调节流量，即用水流量，m^3/s；Q_V 为取用或存入水库的平均流量，简称"水库流量"，m^3/s。

上述水库水量平衡公式属最简单的情况。当考虑水库的水量损失，出库水量为几个部门所分用以及当水库已蓄满将产生弃水时，则可进一步表达为

$$Q_I - \sum Q_L - (Q_{P1} + Q_{P2} + \cdots) - Q_S = \Delta V / \Delta t$$

式中：$\sum Q_L$ 为水库水量损失，包括蒸发和渗漏等损失；Q_{P1}，Q_{P2}，$\cdots$ 为各部门分用的调节流量；Q_S 为水库弃水流量，即通过泄水建筑物弃泄的流量。

径流调节计算的方法，根据所应用的河川径流特性可分为两大类：第一类是利用径流的时历特性进行计算的方法，称为时历法；第二类是利用径流的统计（频率）特性进行计算的方法，称为数理统计法。

时历法采用按时序排列的实测径流系列作为入库径流过程进行水库径流调节计算，其特点是利用已出现的径流过程的时序特性反映未来的径流变化。时历法又分为列表法和模拟计算法：列表法是直接利用过去观测到的径流资料（即流量过程），以列表形式进行计算的方法；模拟计算法则是在电子计算机上进行模拟运行的调节计算法。在水库径流调节计算实践中，广泛地采用时历法。时历法的计算结果，给出调节后的利用流量、水库存蓄水量、弃水量以及水库水位等因素随时序的变化过程。它具有简易直观，便于考虑较复杂的用水过程和计入水量损失等优点。数理统计法多用于多年调节计算，计算的结果直接以调节水量、水库存水量、多余和不足水量的频率曲线的形式表示出来。

四、注意事项

（1）当入库流量不为 0 时，库水面从坝址起沿程上溯的回水曲线并非水平，越靠近上游，水面越上翘，直至入库端与天然水面相交。因此，相应于坝址上游某一水位的水库库容，实际上要比静库容大。在需详细研究水库回水淹没和浸没问题或梯级水库衔接情况时应考虑回水影响。

（2）注意区分各类水位与对应库容的作用与所代表的含义。

（3）在计算水库水量损失时，需要根据水库周围的水文地质条件与水文气象条件确定需要计算的损失项及其合理的计算方法。

（4）设计保证率是水利水电工程设计的重要依据，其选择是一个复杂的技术经济问题。若选得过低，则正常工作遭破坏的概率将会增加，破坏所引起的国民经济损失及其不良影响也就会加重；相反，如选得过高，用水部门的破坏损失虽可减轻，但工程的效能指标就会减小（如库容一定时，保证流量就减小），或工程投资和其他费用就要增加（如用水要求一定时，库容要加大）。所以，应通过技术经济比较分析，并考虑其他影响，合理选定设计保证率。

五、思考题

（1）水库静库容与动库容的大小关系是怎样的？动库容的大小受到哪些因素的影响？

（2）水库的水量损失包含哪些？

（3）水库的设计兴利库容是如何确定的？

（4）水库兴利计算的基本原理是什么，具体的计算方法有哪些？

第六节　小型水电站的水能计算

一、课程设计目的

（1）了解水电站的发电原理。

（2）认识水电站分类及其特征。

（3）掌握各类水电站的水能计算方法。

二、课程设计（知识）基础

（1）物理学相关知识。

（2）水力学伯努利方程。

（3）水量平衡方程式。

三、课程设计方法步骤

（一）无调节、日调节水电站的水能计算

由于水电站上游没有水库或库容很小，不能对天然来水过程进行调节的水电站，称为

无调节水电站。山区引水式水电站、小库容的河床式水电站及某些多沙河流上水库被淤积不能再进行调节的水电站均属此类。这种水电站的工作方式最为简单，因为没有水库调节，水电站在任何时刻的出力均取决于河道中当时的天然流量和电站水头，而且各时段的出力彼此无关。

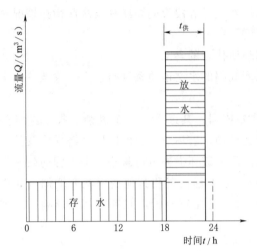

图 1-18　集中均匀供电的日调节示意图

利用水库（或日调节池）的调节库容使天然来水在一昼夜 24h 内重新分配，即把低谷负荷时多余的水量蓄积起来，供高峰负荷时使用，这样的水电站称为日调节水电站。图 1-18 是集中均匀供电的日调节示意图。

日调节水电站能充分利用一天的来水量，又能适应负荷变化的需要，而且完成日调节所需的库容并不是很大。因此，在可能的条件下，都应争取修建成日调节水电站。

1. 保证出力的计算

计算水电站出力的基本公式包含流量和水头两个主要因素。无调节水电站主要靠天然流量来发电。若上游有其他需水部门取水，则应将这部分流量从天然来水中扣除，而水头的确定也比较简单。因上游水位基本上保持不变，故一般采用水库或压力前池的正常水位作为上游水位，下游水位则与下泄流量有关，可以从下游水位流量关系曲线中查得。水头损失（ΔH）可以用水力学中的公式估算。

水电站的保证出力是指相应于设计保证率的水流平均出力，这一技术指标是水电站主要动能指标之一。无调节水电站的设计保证率常用 $P_{历时}$ 表示。根据径流资料情况和对计算精度的要求，无调节水电站保证出力的计算方法采用长系列法或代表年法。

（1）长系列法。当水电站取水断面处的径流系列较长，且具有较好的代表性时，可以采用长系列法，用该方法计算的结果精度较高。

长系列法首先根据已有的水文系列，取日（或旬）为计算时段，逐日计算水电站的日平均出力，然后将日平均出力按大小排列，按常用的经验频率公式计算日平均出力的频率（或保证率），然后绘制日平均出力频率曲线（图 1-19），并由已选定的设计保证率在曲线上查得保证出力，这样计算工作量很大。为了简化计算，可以由大到小将日平均流量分组，并统计其出现日数和累积出现日数，再按分组流量的平均值来计算出力和推求保证出力。出力按下式计算：

$$N = AQ_电 H_净 (\text{kW})$$

式中：$Q_电$ 为发电日平均流量，m^3/s，等于分组日平均流量减去其他综合利用部门自水库引走的流量和水库（或渠道）的损失流量；$H_净$ 为净水头，m，等于上、下游水位差扣除水头损失，即 $H_净 = Z_上 - Z_下 - \Delta H$。计算时，可以按表 1-5 的格式进行。

表 1-5			某无调节水电站的出力计算表			
日平均流量分组 /(m³/s)	分组日流量平均值 /(m³/s)	出现日数 /d	累积出现日数 /d	频率（保证率） P/%	保证时间 t=8760P /h	引用及损失流量 /(m³/s)
180 以上	180 以上	595	595	9.58	839	2
150～180	165	492	1087	17.50	1533	2
130～150	140	321	1408	22.67	1986	2
⋮	⋮	⋮	⋮	⋮	⋮	⋮
⋮	⋮	⋮	⋮	⋮	⋮	⋮
15 以下	15 以下	5	6210	100	8760	1
发电流量 $Q_电$/(m³/s)	上游水位 $Z_上$/m	下游水位 $Z_下$/m	水头损失 ΔH/m	净水头 $H_净$/m	出力 N /kW	
178 以上	1273.85	97.35	1.20	25.30	31524	
163	123.85	97.35	1.20	25.30	28867	
138	123.85	97.35	1.20	25.30	24440	
⋮	⋮	⋮	⋮	⋮	⋮	
⋮	⋮	⋮	⋮	⋮	⋮	
14 以下	123.85	96.55	1.20	26.10	2558	

根据表 1-5 中的计算结果，可以绘出水电站日平均流量频率曲线（图 1-20）。若将图 1-19 和图 1-20 的横坐标改用时间 t 的总时间，即用一年的 365d 或 8760h 来表示，则又可以分别称为日平均流量历时曲线和日平均出力历时曲线。

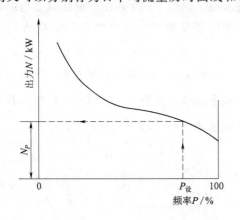

图 1-19 日平均出力频率曲线

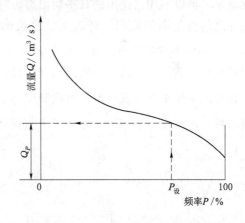

图 1-20 日平均流量频率曲线

根据无调节水电站选定的设计保证率，在日平均出力频率曲线上，可以查得水电站的日平均保证出力 N_P，如图 1-19 虚线和箭头所示。由于一般无调节水电站的水头变化不大，也可以根据选定的设计保证率在日平均流量频率曲线上查得日平均保证流量 Q_P 后，再用公式 $N_P = AQ_P H_P$ 计算水电站的日平均保证出力，其中 $H_P = Z_上 - Z_下 - \Delta H$。

（2）代表年法。为了简化计算，一般可以选择设计代表年进行计算。在规划及初步设计阶段，一般选择 3 个设计代表年来进行计算，即设计枯水年、设计平水年和设计丰水年。关于选择设计代表年的原则和方法，前文已述，这里仅简要说明水能计算的选年问题。水能计算通常是按年水量或按枯水期水量来选择设计代表年。

1）按年水量选择。按年水量选择设计代表年，应先根据本站历年径流资料，计算并绘制年水量（水利年的）频率 $W_年 - P$ 曲线，再按照水电站的设计保证率 $P_设 - W$ 曲线上查得 W_P，在径流系列中找出年径流与 W_P 相接近的一年，作为设计枯水年。同样按 $P_平 = 50\%$ 及 $P_丰 = 100\% - P_设$ 选设计平水年及设计丰水年。并要求 3 个设计代表年的平均年水量、平均洪水期水量及平均枯水期水量分别与其多年平均值接近。按年水量选择设计代表年的最大缺点是没有考虑到径流年内分配的特性。因为年水量符合设计保证率的枯水年份，其枯水期水量却有可能出现偏大或偏小的槽况。若用这样的枯水年去求水电站的保证出力，必然会得到偏大或偏小的结果。因此，只有在径流年内分配较稳定的河流，才以年水量为主来选择设计代表年。

2）按枯水期水量选择。按枯水期水量选择设计代表年，应先计算并绘制枯水期水量频率 $W_枯 - P$ 曲线，然后根据 $P_设$、$P_平$ 及 $P_丰$ 在 $W_枯 - P$ 曲线上选出与之相应的年份作为设计枯水年、设计平水年及设计丰水年，并要求这 3 个设计代表年的平均年水量也要与多年平均年水量相接近。对于径流年内分配不稳定的河流，宜以枯水期水量为主来选择设计代表年。用代表年法计算无调节水电站的保证出力时，可将 3 个设计代表年的日平均流量统一进行分组，并统计其各组流量出现日数和累积出现日数，然后按与长系列法相同的步骤来计算保证出力。

2. 多年平均年发电量的计算

水电站年发电量的多年平均值，称为多年平均年发电量。无调节水电站的多年平均年发电量，可以利用已绘出的日平均出力历时曲线求得，如图 1-21 所示。曲线以下与纵横坐标之间所包围的面积，即为天然水流的多年平均年发电量。如水电站的装机容量为 $N_{装,1}$，多年平均年发电量等于面积 $abcO$，即 $\overline{E}_{年,1}$。ab 线以上的面积虽然表示天然水流可以利用的电能，但由于装机的限制，只好放弃。可假定若干个装机容量方案，从图上算出相应的多年平均年发电量，再绘制成 $N_装 - \overline{E}_年$ 关系曲线，如图 1-22 所示。待装机容量确定后，即可在 $N_装 - \overline{E}_年$ 关系曲线上直接查得水电站的多年平均年发电量 $\overline{E}_年$。

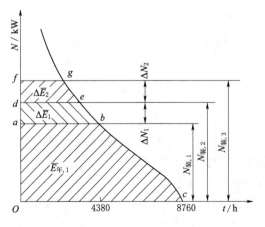

图 1-21　日平均出力历时曲线

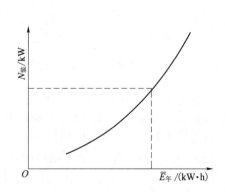

图 1-22　$N_装 - \overline{E}_年$ 关系曲线

在完全缺乏水文资料的情况下，可以用下式粗估水电站的 $\bar{E}_年$。

$$\bar{E}_年 = A\alpha\bar{Q}H_净 \times 8760 \quad (kW \cdot h)$$

式中：α 为径流利用系数，表示发电用水量与天然来水量的比值，可以参考邻近相似水电站的径流利用情况选定；$\bar{Q}$ 为多年平均流量。

3. 无调节水电站装机容量的确定

装机容量是水电站的重要参数，装机容量反映水电站的规模、水力资源利用程度、电站效益及供电可取性等。装机容量的选择，应根据用电负荷要求、河流来水量等条件经济合理地确定。机组容量甚小的小型水电站，或受资料条件限制时，可以采用简化方法确定装机容量。

（1）按负荷要求确定装机容量。按负荷要求确定装机容量的基本依据是电力电量平衡，即供需平衡。设计新水电站时，应满足电力系统在设计水平年对该电站在容量（电力）、电能（电量）方面的要求。

无调节水电站因为不能进行任何调节，在设计枯水日只能按不变的保证流量 Q_P 放水发电，若把无调节水电站放在电力系统日负荷图的尖峰工作，则只能发出较少的电能（图 1-23 中的斜阴影面积），并将产生较多的弃水。故无调节水电站在日负荷图及年负荷图上的最优工作位置应该是基荷，这样才能充分利用水力资源，图 1-23

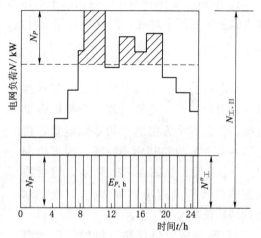

图 1-23　无调节水电站在电网日负荷图中的工作位置

中的竖阴影面积就是在基荷位置时所生产的保证电能 $E_{P,日}$。因此，无调节水电站的最大工作容量就等于其保证出力，即 $N''_工 = N_P$。

无调节水电站因无法储备水量，故不能承担负荷备用容量和事故备用容量。另外，机组检修一般安排在低负荷时期。在灌溉季节放水发电的水电站，可有计划地安排在非灌溉季节检修，故无调节水电站一般不设检修备用容量。无调节水电站的必需容量就等于最大工作容量。无调节水电站为了充分利用丰水季或丰水年的水量，通常装设一部分重复容量（季节容量）。季节容量的确定，可以通过各种方法进行经济合理性论证，一般可用较简单的季节容量年利用小时数法来确定。

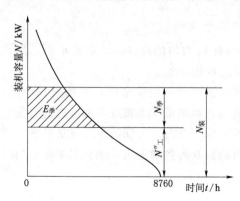

图 1-24　无调节水电站季节容量的确定

用季节容量年利用小时数确定季节容量 $N_季$ 时，首先应根据季节用户的特点，初步拟定设计水电站季节容量 $N_季$，并按日平均出力历时曲线计算出相应的季节电能 $E_季$，如图 1-24

所示。然后计算季节容量年利用小时数 $h_{季,计}=E_季/N_季$，其判别式为：$h_{季,计}\geqslant h_{季,规}$。其中，$h_{季,规}$ 为季节容量年利用小时数的规定值，与地区能源和经济条件有关。

根据上述方法，求出最大工作容量和季节容量（重复容量）后，即可初步确定无调节水电站的装机容量。

$$N_装 = N''_工 + N_{季(重)} = N_P + N_{季(重)}$$

经过机组机型选择，就可确定无调节水电站的装机容量。

（2）装机容量选择的简化方法。设计小型水电站时，由于缺乏远景负荷资料，不能采用电力电量平衡法确定装机容量，这时可以采用简化方法。常用的简化方法是装机容量年利用小时数法和保证出力倍比法。

1）装机容量年利用小时数法。水电站多年平均年发电量 $\overline{E}$ 除以装机容量 $N_装$，即为装机容量年利用小时数，简称年利用小时数，用符号 $h_年$ 表示，其表达式为

$$h_年 = \frac{\overline{E}_年}{N_装}$$

水电站的多年平均年发电量与装机容量存在密切关系，先假定若干个装机容量方案，算出每个方案的平均年发电量，再计算各个方案的年利用小时数，即可绘制 $N_装 - h_年$ 曲线，如图 1-25 所示，然后按选定的设计年利用小时数 $h_{年,设}$，查出水电站的装机容量 $N_{装,设}$。

2）保证出力倍比法。根据已知水电站的经验统计，不同特点的水电站，其保证出力 N_P 与装机容量 $N_装$ 之间具有较合理的比例关系。在确定水电站的保证出力后，可以利用这种关系来确定装机容量，即

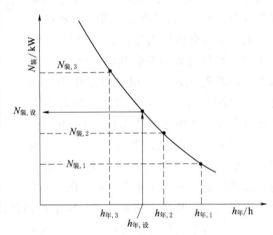

图 1-25　用 $N_装 - h_年$ 曲线求 $N_装$

$$N_装 = CN_P$$

式中：C 为倍比系数，$C=1.5\sim4.5$。

在选用 C 值时，如水力资源丰富，水量年内分配较均匀的地区，C 取较小值，反之取较大值。季节性用电多的地区，C 取较大值，反之取较小值。

3）套用定型机组。小型水电站的机组设备应根据生产和供应情况，套用现成产品，确定水电站装机容量。机组机型应根据水能计算成果、枢纽或厂房布置，并考虑机组安装台数来确定。为保证水电站检修方便，通常机组不应少于 2 台，为保证运行灵活可靠，管理方便，小型水电站机组台数不宜超过 4 台。机组机型及台数确定后，应核定多年平均年发电量和年利用小时数。

4.日调节水电站装机容量的确定

日调节水电站装机容量的确定，与无调节水电站装机容量的确定基本相同。可以按系统负荷要求确定装机容量，也可以用简化方法确定装机容量。按系统要求确定装机容量

时，由于日调节水电站具有一定的调节库容，能进行日内调节，可以改变枯水期一日内的天然流量以适应负荷的需要。因此，在枯水日根据电力系统的要求，可以在负荷图上峰荷到基荷的任何位置工作，但一般是安排担任峰荷，考虑综合运用或在丰水期的情况，可以担任一部分基荷。由于日调节水电站与无调节水电站在日负荷图上的工作位置有所不同，所以确定最大工作容量也有所不同。

（1）按负荷要求确定日调节水电站装机容量。确定日调节水电站的最大工作容量，可根据电力系统设计水平年的冬季最大日负荷图，绘出其日电能累积曲线，然后用图解法确定水电站最大工作容量。电力系统日负荷曲线下所包围的面积，代表系统全日所需的电能量 $E_{P,日,网}$，在图 1-26 中，若将日负荷曲线以下的面积自下而上分为 ΔE_1、ΔE_2、ΔE_3 分段电能量，再令该图右边的横坐标代表电能累积值，就可把左图分段电能量 ΔE 的累积值分别绘在右图的 1、2、3 等各点上。照此向上逐段累积到负荷最大值，各点的连线便是日电能累积曲线。

如果水电站担任日负荷图上的峰荷部分，则在图 1-26 中日电能累积曲线上的 A 点向左量取线段 AB，使其值等于 $E_{P,日}$，再由 B 点向下作垂线交日电能累积曲线于 C 点，BC 的值即为 $N_工$。由 C 点作水平线与日负荷图相交，即可求出水电站所担任的负荷位置，如阴影部分所示。

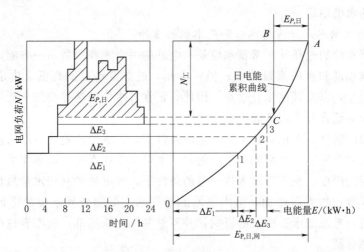

图 1-26　日电能累积曲线的绘制及日调节水电站工作容量的确定

如果日调节水电站下游因灌溉等综合利用要求，需在一昼夜内均匀泄出一定流量，此时水电站的部分容量应安排在系统日负荷图的基荷工作，则日调节水电站最大工作容量求法如图 1-27 所示。设水电站承担基荷的均匀流量为 $Q_基$，则水电站必须担任的基荷出力为

$$N_基 = AQ_基 H_P \quad (\mathrm{kW})$$

于是，水电站在峰荷部分工作的日平均出力为 $N_峰 = N_{P,日} - N_基$，参加峰荷工作的日电能为

$$N_工 = N_基 + N_峰 \quad (\mathrm{kW})$$

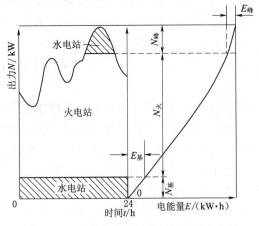

图 1-27　有综合利用要求时日调节水电站
最大工作容量的确定

日调节水电站可以担任一部分负荷备用，但由于它的调节库容小，无法担负事故备用。小水电站机组一般在 1～2 年内都要大修一次，这种检修一般可以安排在低负荷期，故小水电站一般不设检修备用容量。日调节水电站常设较多的季节重复容量，确定季节重复容量的方法与无调节水电站相同。

（2）简化方法确定日调节水电站装机容量。用简化方法确定日调节水电站装机容量与无调节水电站一样，可以利用装机年利用小时数法、保证出力倍比法等，也可套用定型机组方法确定。

（二）年调节水电站的水能计算

所谓年调节水电站，是指在一年内，将丰水期多余的水量存储在水库中，到枯水期放出来发电，以提高枯水期的发电流量，满足用电部门的需要，即对天然径流过程在一年内进行重新分配的水电站。

1. 以发电为主的水库正常蓄水位和死水位的选择

（1）正常蓄水位的选择。正常蓄水位是水电站的一个重要参数。一方面，正常蓄水位的高低直接影响坝高和水库淹没范围；另一方面，正常蓄水位的高低又决定水电站的水头、出力和发电量，以及其他综合效益。因此，正常蓄水位的选择必须全面考虑，并通过经济、技术方面的综合分析论证而决定。

（2）死水位的选择。在正常蓄水位一定的条件下，死水位决定了水库的消落深度（或称工作深度）和调节库容，并影响水电站的利用水量和工作水头。消落深度是指正常蓄水位至死水位之间的深度。在正常蓄水位一定的条件下，水电站的利用水量总是随着死水位的降低和调节库容的加大而增加，但水电站的平均水头却随着死水位的降低而减小。所以，对发电来说，考虑到水头因素的影响，并不总是死水位越低，死库容越小、调节库容越大，动能就越有利。

2. 保证出力的计算

以发电为主的年调节水库在一个调节年度内，一般可以分为蓄水期、弃水期、供水期和不蓄不供期（称为天然流量工作期）等几个时期。其中供水期引用流量最小，电站出力也小。年调节水电站某年能否保证正常工作，关键取决于供水期。只要供水期电站的出力和发电量能满足系统正常用电要求，则水电站全年工作就有保证。因此，年调节水电站的保证出力是指相应于设计保证率的年供水期的平均出力。这里，设计保证率采用年保证率。在年调节水库正常蓄水位和死水位已定的情况下，年调节水电站保证出力的计算方法，通常采用长系列法或代表年法。

（1）长系列法。长系列法是利用坝址断面处已有的全部径流资料系列，通过径流调节计算出每年供水期的平均出力，然后将这些出力按大小排列，进行频率计算，绘制出年供水期平均出力的频率曲线，则该曲线上相应于设计保证率的年供水期平均出力，就是年调节水电站的保证出力。

除了上述计算方法外，也可以在求出各年供水期的调节流量以后，将调节流量按大小顺序排列，计算其相应频率，绘制出调节流量频率曲线。由选定的设计保证率在该曲线上可以查得保证调节流量 $Q_{调,P}$（或称为设计调节流量）。为简化计算，也可以用年调节水库平均蓄水库容 $\left(V_死 + \dfrac{1}{2}V_蓄\right)$ 查库容曲线，得到供水期的平均水库水位，减去相应于 $Q_{调,P}$ 的电站尾水位及水头损失，得供水期的平均水头 H_P，然后按公式 $N_P = AQ_{调,P}H_P$，计算水电站的保证出力。

(2) 代表年法。对于小型水电站来说，一般是按设计保证率选择一个枯水代表年，计算出该年的供水期平均出力，用该值作为年调节水电站的保证出力。在采用该方法时，目前多用等流量法进行调节计算，亦即先求出供水期的平均调节流量 Q，按该流量求各月出力，再以各月出力的平均值作为年调节水电站的保证出力。

供水期的发电用水为水库兴利库容的蓄水量加上供水期天然来水量并扣除水量损失和从库区引走的水量，即

$$Q_P = \frac{W_供 + V_兴 - W_损 - W_引}{T_供}$$

式中：Q_P 为水电站枯水代表年供水期的调节流量，$\mathrm{m^3/s}$；$W_供$ 为供水期天然来水量，$\mathrm{m^3}$；$V_兴$ 为水库兴利库容，$\mathrm{m^3}$；$W_损$ 为水量损失，$\mathrm{m^3}$；$W_引$ 为从库区引走的水量，$\mathrm{m^3}$；$T_供$ 为供水期历时，s。

为简化计算，可以在求出 Q_P 之后，只计算水电站在供水期的水头 H_P，用公式

$$N_P = AQ_P H_P \quad (\mathrm{kW})$$

直接计算年调节水电站的保证出力。

在计算多年调节水电站保证出力时，为简化计算，一般是在全部水文资料系列中选取一个枯水代表年组。当水库蓄满后出现的枯水年组不止一个时，通常是选择最枯的一组，即以组内供水期调节流量为最小的枯水年组作为枯水代表年组。当不考虑从库区引水和忽略水库水量损失时，调节的计算公式为

$$Q_调 = \frac{W_供 + V_兴}{T_供}$$

式中：$T_供$ 为枯水代表年组的供水期历时，s；$W_供$ 为枯水代表年组供水期的天然来水量，$\mathrm{m^3}$；$V_兴$ 为多年调节水库兴利库容，$\mathrm{m^3}$。

求出枯水代表年组供水期的平均库容 $\left(\bar{V}_供 = V_死 + \dfrac{V_兴}{2}\right)$ 及其相应的供水期平均库水位，同时根据 $Q_调$ 查下游水位流量关系曲线求出供水期下游平均水位，从而可以求得供水期的平均发电水头 $\bar{H}_供$，进而可得水电站供水期的平均出力 $N = AQ_调 \bar{H}_供$。该出力 N 的相应频率为 $P = \dfrac{n}{n+1} \times 100\%$（其中 n 为水文系列的总年数）。

一般情况下，该频率常大于水电站的设计保证率，则可让枯水代表年组的最末一年

（或几年）遭受破坏，求出新的 $T_供$ 和 $W_供$ 及相应 $Q_调$，若 $Q_调$ 的频率与设计保证率符合，则所求枯水年组供水期的平均出力即为保证出力。

3. 多年平均年发电量的计算

年调节水电站多年平均年发电量的计算，常用 3 个代表年法或平水年法。有条件时，也可以用长系列法。

（1）3 个代表年法。选择丰水、平水、枯水 3 个代表年，对每个代表年进行等流量调节的水能计算，求出 3 个代表年的发电量然后加以平均，即得到多年平均年发电量。

每一年的发电量，为各月发电量的总和，各月发电量按下式计算

$$E_月 = 730\overline{N}_月$$

式中：$E_月$ 为月发电量，$kW \cdot h$；$\overline{N}_月$ 为月平均出力，$kW \cdot h$；730 为每个月的小时数，每月按照 $365/12 = 30.4d$ 计。

而年发电量

$$E_年 = \sum_1^{12} E_月 = 730 \sum_1^{12} \overline{N}_月$$

则多年平均发电量为

$$\overline{E}_年 = \frac{\overline{E}_{年(丰)} + \overline{E}_{年(平)} + \overline{E}_{年(枯)}}{3}$$

（2）平水年法。选择一个平水年作为设计代表年，计算该年的发电量，并以该值作为电站的多年平均年发电量，即

$$\overline{E}_年 = E_{年(平)}$$

（3）长系列法。长系列法计算多年平均年发电量是对全部水文资料逐年逐月进行水能计算，然后计算各年的发电量。各年发电量的平均值即为多年平均年发电量，即

$$\overline{E}_年 = \frac{1}{n} \sum_1^n E_年$$

式中：$\sum_1^n E_年$ 为系列各年发电量之和，$kW \cdot h$；n 为系列的年数。

长系列法计算工作量虽大，但由于电子计算机的普及，当径流调节、水能计算等各种计算程序标准化后，对数十年甚至更长的水文资料系列，均可在很短的时间内迅速运算，并比较精确地求出多年平均年发电量。

4. 装机容量的确定

年调节水电站都可以同时进行日调节，因此确定装机容量的方法与日调节水电站基本相同，可以按系统负荷要求确定装机容量，也可以用简化方法（装机年利用小时数法和保证出力倍比法）求得。这里特别指出，由于年调节水电站比日调节水电站的调节能力强，因此年调节水电站不但可以承担一部分负荷备用容量，同时也可以承担一部分事故备用容量。

（三）灌溉水库水电站的水能计算

以灌溉为主结合发电的水库水电站，是农村小型水电站的常见类型。这类水电站的情况各异，它取决于灌区灌溉用水的特点，灌溉用水与天然来水的配合情况及灌溉与发电的

结合程度等。这类水电站的基本特点是：水电站的运行服从灌溉需要，在满足灌溉的前提下，尽可能多发电。以灌溉为主的水库水电站的水能计算与单纯发电水库水电站的水能计算基本相同，只是在选择设计保证率和设计枯水代表年等问题时有些不同。

以灌溉为主的水电站设计枯水年，一般同灌溉设计枯水年一致，在规模小、负荷无特殊要求并有其他水电站配合运行的情况下，取灌溉和发电同一设计保证率。灌溉设计保证率采用年保证率。如以灌溉为主的年调节水库，发电的枯水代表年一般取灌溉枯水代表年。在调节年度内，天然来水大于用水的月份为蓄水期的起点，不同年份，蓄水期的起点并不强求一致，应研究灌溉用水过程和天然来水过程的配合情况，确定蓄水期和供水期。计算时段可以用月或旬。

1. 保证出力的计算

(1) 灌溉与发电用水不结合。灌溉与发电用水不结合的水库，其灌溉引水口的位置多在大坝上游，而电站则建成河床式或坝后式。此时水库的死水位取决于灌溉引水高程，而正常蓄水位则取决于灌溉用水量。如灌溉引水后剩余的水量仍很多，则可结合发电的最低要求（如一定的流量或一定的保证出力），增加一部分库容满足发电最低需要。此时结合发电要求确定正常蓄水位和死水位。

在兴利库容已定的情况下，应从各月（或旬）入库天然流量中扣除相应的灌溉用水量，再按等流量调节，计算水电站的保证出力。这种处理方式，对年调节水库和多年调节水库都一样。灌溉与发电不结合的水库水电站，调节流量为

$$Q_调 = \frac{W_供 - W_灌 + V_兴}{T_供}$$

式中：$T_供$ 为枯水代表年供水期历时，s；$W_供$ 为枯水代表年供水期的天然来水量，m³；$W_灌$ 为灌溉用水量，m³；$V_兴$ 为兴利库容，m³。

(2) 灌溉与发电用水结合。灌溉与发电用水结合的水库，灌溉用水的取水口通常在水电站尾水下游，来水可以先发电后灌溉。如坝式水电站尾水下游引水灌溉，或修建的渠首水电站，都属这种类型。这类水电站保证出力的计算，当为年调节时，通常是根据来水和灌溉用水的相关情况及年内分配特点选择丰水、平水、枯水 3 个代表年，对每个代表年按等流量调节计算。当按全年均匀下泄，蓄水期出现水库蓄满必须弃水时，则可以分成蓄水期、供水期两段，各段分别按等流量下泄，但不论是水库蓄水还是供水，灌溉期的调节流量应至少等于灌溉流量。

(3) 灌溉与发电用水部分结合。某些以灌溉为主结合发电的水库，一方面需从水电站上游取走部分水量供灌溉用，同时也利用发电尾水进行灌溉，这类水库是上述两种情况的联合。在水能调节计算时，先从天然来水中扣除上游取水，然后再按灌溉与发电用水相结合的情况进行调节计算。由于上游灌溉用水，这类水电站的保证出力更小，应采取联网调整负荷，有可能时也可以调整灌区的耕作制度，来提高水电站的发电效益。

这里应指出，对于以灌溉为主结合发电的多年调节水库，保证出力的计算可以用天然来水和灌溉用水资料列表进行调节计算，而发电流量就等于灌溉流量，只有在水库蓄满后，天然来水大于灌溉用水时，才使发电流量等于天然流量。

另外，有些灌溉水库结合发电时，由于农田用水有明显的季节性，小型水电站在非灌

溉期常感发电水量不足，这种情况在北方更为明显，水电站出力值一般较小，对于一年只发几个月季节性电能的电站，甚至无法计算其保证出力。此时，可以用长系列法进行出力计算，求出水电站的多年平均年发电量。

2. 多年平均发电量的计算

灌溉结合发电水库水电站的多年平均年发电量，一般采用丰水、平水、枯水 3 个设计代表年的年发电量的平均值。计算时应注意，凡是月平均出力大于装机容量的，应取装机容量值。另外，对于以灌溉为主的渠首水电站，由于水库死水位较低（对发电而言），一般仅比正常渠首水位高 1～2m，故在发电最低水位（相应于水轮机使用水头范围的下限）以下时就不能发电。遇到这种情况，在计算年发电量时，应从各月的发电量中扣除这一部分电量。对于灌溉自下游取水的坝式水电站则无这一问题。

3. 装机容量的确定

灌溉结合发电水库水电站装机容量的确定，一般都采用简化方法，常用装机年利用小时数法。由于这类电站主要按灌溉用水要求发电，而灌溉用水具有明显的季节性，故发电流量变化较大，水电站的出力很不均匀，因而装机年利用小时数较低，一般为2500～4500h。

四、注意事项

（1）在计算水电站的工作效率时，要综合考虑多种因素。因为水电站在实际运行时，水流通过水电站引水建筑物至水轮机，并经尾水管排至下游河道，在整个流动过程中，必定会产生水头损失。同时，还必须考虑水轮机效率、传动设备效率及发电机效率。

（2）水电站出力主要取决于流量和水头，修建水电站必须同时具备流量和水头两个条件。水电站的设计保证率是指水电站在多年工作期间正常工作得到保证的程度。由于水电站的出力与流量和水头有关，而河川径流的多变性，使得水电站的出力经常处于变化之中，以致各年各月的出力和发电量也不相同。因此，在水电站规划设计中，要预先确定一个设计保证率作为设计的依据。

（3）日调节水电站保证出力的计算与无调节水电站的计算方法基本一样，仅上游水位的计算方法有些不同。无调节水电站的上游水位通常都保持在正常蓄水位不变，而日调节水电站的上游水位则在正常蓄水位与死水位之间小幅变化。在计算时通常用死库容加上日调节库容的一半查库容曲线得出的水位，作为上游平均水位。

（4）供水期是指天然流量小于调节流量的时期。在求出调节流量之前，需先假定供水期，通过试算求 Q_P，直至计算出的 Q_P 都大于假定洪水期的天然来水量，一般试算 1～2次即可确定。

（5）由于装机容量的限制，丰水年甚至平水年会有一定的弃水。因此在实际计算年发电量时，凡是月平均出力大于装机容量 $N_装$ 的，应该用 $N_装$ 代入计算。

五、思考题

（1）无调节水电站、日调节水电站与年调节水电站的区别是什么？

（2）如何选取设计代表年？

（3）水电站水能计算的方法有哪些？简述各方法的计算步骤。

（4）试分析在水能计算过程中可能存在的误差来源。

第七节 防洪工程水利计算

一、课程设计目的

（1）了解防洪工程的类型及其各自特征。

（2）理解防洪工程的计算原理。

（3）掌握各类别防洪工程的计算方法及步骤。

二、课程设计（知识）基础

（1）圣维南方程组连续性方程与运动方程。

（2）水库的规划设计标准。

（3）径流调节的基本原理。

三、课程设计方法步骤

（一）水库防洪水利计算

1. 水库调洪计算的原理和方法

水库是控制洪水的有效工程措施，其调节洪水的作用在于拦蓄洪水、削减洪峰，延长泄洪时间，使下泄流量能安全通过下游河道。调洪计算的任务是在水工建筑物或下游防护对象防洪标准一定的情况下，根据已知的设计入库洪水过程线、水库地形特性资料、拟定的泄洪建筑物型式及尺寸、调洪方式，通过调洪计算，推求出水库出流过程、最大下泄流量、防洪库容和水库相应的最高洪水位。

（1）水库调洪计算的基本方程。水库调洪是在水量平衡和动力平衡（即圣维南方程组的连续性方程和运动方程）的支配下进行的。水量平衡用水库水量平衡方程表示，动力平衡可由水库蓄泄方程（或蓄泄曲线）来表示。调洪计算就是从起调开始，远时段连续求解上述两个方程。

$$\frac{Q_1+Q_2}{2}\Delta t - \frac{q_1+q_2}{2}\Delta t = V_2 - V_1$$

式中：Q_1、Q_2 为时段 Δt 始、末的入库流量，m^3/s；q_1、q_2 为时段 Δt 始、末的入库流量，m^3/s；V_1、V_2 为时段 Δt 始、末的入库流量，m^3/s；Δt 为计算时段，s，其长短的选择，应以能准确地反映洪水过程线的形状为原则，陡涨陡落的，Δt 取短些；反之，取长些。

水库通过溢洪道泄洪，在溢洪道型式、尺寸一定的情况下，泄流量取决于堰顶水头 H，即 $q = f(H)$。对于无闸或闸门全开的表面式溢洪道，下泄流量可按堰流公式计算；深水式泄洪孔的下泄流量可按有压管流公式计算。当水库内水面坡降较小，可视为静水面时，其泄流水头 H 只是库中蓄水量 V 的函数，即 $H = f(V)$，下泄流量 q 成为蓄水量 V

的函数，即 $q = f(V)$。

（2）考虑静库容的调洪计算方法。按静库容曲线进行调洪计算时，系假设水库水面为水平，采用下泄流量与蓄水量的关系 $q = f(V)$ 求解。常用的方法有列表试算法和图解分析法。对于小型水利工程或工程初步设计方案比较阶段，可以采用简化计算方法，如简化三角形法。本小节详细介绍列表试算法的计算步骤，列表试算法用列表试算来联立求解水量平衡方程和动力方程，以求得水库的下泄流量过程线，其计算步骤如下：

1）根据库区地形资料，绘制水库水位容积关系 $Z - V$ 曲线，并根据既定的泄洪建筑物的型式和尺寸，由相应的水力学出流计算公式求得 $q - V$ 曲线。

2）从第一时段开始调洪，由起调水位（即汛前水位）查 $Z - V$ 及 $q - V$ 曲线得到水量平衡方程中的 V_1 和 q_1。由入库洪水过程线 $Q(t)$ 查得 Q_1、Q_2；然后假设一个 q_2 值，根据水量平衡方程算得相应的 V_2 值，由 V_2 在 $q - V$ 曲线上查得 q_2，若两者相等，q_2 即为所求。否则，应重设 q_2，重复上述计算过程，直至两者相等。

3）将上时段末的 q_2、V_2 值作为下一时段的起始条件，重复上述试算过程，最后即可得出水库下泄流量过程线 $q(t)$。

4）将入库洪水 $Q(t)$ 和计算的 $q(t)$ 两条曲线点绘在一张图上。若计算的最大下泄流量 q_m 正好是两线的交点，说明计算的 q_m 是正确的。否则，计算的 q_m 有误差，应改变时段 Δt 重新进行试算，直至计算的 q_m 正好是两线的交点。

5）由 q_m 查 $q - V$ 曲线，得最高洪水位时的总库容 V_m，从中减去堰顶以下的库容，得到调洪库容 $V_调$。由 V_m 查 $Z - V$ 曲线，得最高洪水位 $Z_洪$。显然，当入库洪水为设计标准的洪水时，求得的 q_m、$V_调$、$Z_洪$ 即为设计标准的最大泄流量 $q_{m,设}$、设计防洪库容 $V_设$ 和设计洪水位 $Z_设$。同理，当入库洪水为校核标准的洪水时，求得的 q_m、$V_调$、$Z_洪$ 即为 $q_{m,校}$、$V_校$ 和 $Z_校$。

（3）考虑动库容的调洪计算方法。对于峡谷型水库，当通过大洪水流量时，由于回水的影响，水库表面呈现出明显的水面坡降。在这种情况下，若仍用静库容曲线进行调洪计算常带来较大的误差。因此，为了满足成果精度的要求，必须采用动库容曲线进行调洪计算。

水库回水曲线形状或是动库容的大小主要决定于坝前水位高低和入库流量的大小。因此，在绘制水库动库容曲线时，首先设不同的坝前水位和入库流量，用水力学推求水面曲线的方法，求出相应于某一入库流量和坝前水位的库区回水曲线，并根据该回水曲线算出入库断面至坝址的蓄水量。经过对一系列入库流量和坝前水位的计算，便可绘制出水库蓄水容积与入库流量和坝前水位的关系曲线 $V = f(Z, Q)$，此即水库动库容曲线，如图 1-28 所示。

考虑动库容的调洪计算，其原理和方法基本上与按静库容计算相同，不同之处在于库容曲线的差别。

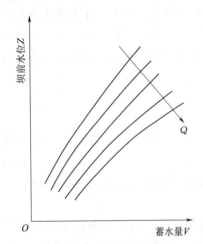

图 1-28　$V = f(Z, Q)$ 关系曲线

因此，无论选用哪一种方法，就是把用静库容曲线制作的 $q - V$ 线，改绘成用动库容曲线

制作的以 Q 为参数的 q-Q-V 线，用一种图解分析法说明考虑动库容的调洪计算方法。依据水量平衡方程，可列出下式：

$$Q_1 + Q_2 - 2q_1 + \left(\frac{2V_1}{\Delta t} + q_1\right) = \left(\frac{2V_2}{\Delta t} + q_2\right)$$

可以看出，采用方程式：

$$q = f\left(\frac{2V}{\Delta t} + q, Q\right)$$

求解上式，为此，可以绘制水库调洪计算的辅助曲线：

$$q = f\left(\frac{2V}{\Delta t} + q, Q\right)$$

绘制方法见表 1-6，表 1-6 中第（1）、（2）、（3）栏数据可以由前面介绍的动库容曲线查得。第（4）栏 H 为泄洪建筑物的计算水头，可由坝前水位 Z 及既定泄洪建筑物堰顶高程关系求得。然后用泄洪建筑物下泄流量计算公式求得下泄流量 q，填入第（5）栏，从而可算出第（6）栏及第（7）栏数值，最后用第（2）、（5）、（7）栏的对应数据，点绘出水库调洪计算的辅助曲线，如图 1-29 所示。

表 1-6 <center>水库调洪计算的辅助曲线</center>

坝前水位 Z/m	入库流量 $Q/(\text{m}^3/\text{s})$	动库容 V/m^3	计算水头 H/m	下泄流量 $q/(\text{m}^3/\text{s})$	$\dfrac{2V}{\Delta t}$ $/(\text{m}^3/\text{s})$	$\dfrac{2V}{\Delta t}+q$ $/(\text{m}^3/\text{s})$
(1)	(2)	(3)	(4)	(5)	(6)	(7)

作出辅助曲线之后，可以按如下步骤求解：

1）对于第一时段，q_1、Q_1 为已知条件，可以用 q_1、Q_1 数值查图 1-29 得 $\left(\frac{2V_1}{\Delta t} + q_1\right)$。

2）依据已知的 Q_1、Q_2、q_1 以及由 1）查出的 $\left(\frac{2V_1}{\Delta t} + q_1\right)$ 值，求出 $\left(\frac{2V_2}{\Delta t} + q_2\right)$ 的数值。

3）用 Q_2、$\left(\frac{2V_2}{\Delta t} + q_2\right)$ 查图 1-29 得到 q_2，即为所求。

对已求得的 q_2 可以作为下一时段的起始下泄流量 q_1，重复第一时段的解算过程，逐时段计算即可求得水库下泄流量过程线 $q(t)$ 及相应的防洪库容 $V_防$。

2. 水库防洪计算

泄洪建筑物可以分为表面式溢洪道和深水泄

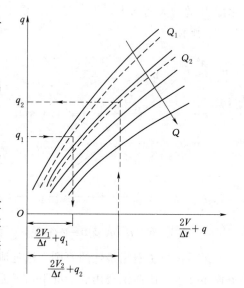

图 1-29　动库容曲线调洪计算图解分析法

水洞。溢洪道又可分为无闸门控制和有闸门控制两类。对于无闸门溢洪道，水库的泄流方式属于自由溢流；对于有闸门控制的溢洪道和泄水底孔，其泄流方式可以人为控制。在防洪计算时，通常初步拟定泄流方式，并根据洪水特性、水库安全、闸门启闭设备，以及技术经济条件等综合考虑加以论证确定。泄洪建筑物形式的选择必须综合水利枢纽的地形条件、地质条件、水工建筑物的型式、综合利用要求及利用预报泄洪的可能性等条件，最终选定时必须进行技术经济比较论证。

由于无闸溢洪道和有闸溢洪道的泄流方式不同，承担的防洪任务也有区别。因此，分别就这两类溢洪道的不同特点，进行水库防洪计算的论述。

（1）无闸溢洪道水库的防洪计算。无闸门控制的泄洪建筑物，其溢洪道堰顶高程一般与正常蓄水位重合。水库汛前水位，一般年份可能低于正常蓄水位，但考虑到汛前洪水有连续出现的可能，即后期大洪水来临之前，可能已出现过洪水，并已使水库水位蓄至正常蓄水位。因此，设计计算时为安全起见，取汛前水位与正常蓄水位齐平。不设闸门的水库一般属于小型水库，控制流域面积较小，库容不大，难以负担下游防洪任务。因此一般水库下游没有防洪要求。

1）拟定方案。已知水库下游没有防洪要求，泄流方式、堰顶高程和汛前水位都已确定，根据水库、坝址附近地形、地质条件和洪水情况，拟定几种可能的溢洪道宽度 B，用库容曲线及泄流公式绘制下泄流量与库容的关系曲线 $q=f(V)$ 或 $q=f(V,Q)$，组成若干个不同溢洪道宽度 B 的方案。

2）调洪计算。针对各个不同溢洪道宽度 B 的方案，用已知的入库洪水过程线，分别按上述的调洪计算方法进行调洪计算，并将计算成果点绘成 $B-q_m$ 及 $B-V$ 曲线，如图 1-30 所示。同时，按水工建筑物设计规范，确定各方案相应坝顶高程。

3）选定方案。对各个方案进行投资费用计算，包括大坝投资、上游淹没损失及泄洪建筑物投资费用。前两项费用随 B 的增大而减少，用 u_1 表示该两项费用之和；后一项费用随 B 的增大而增大，用 u_2 表示其费用。计算结果可点绘成 u_1-B 及 u_2-B 曲线，如图 1-31 所示。

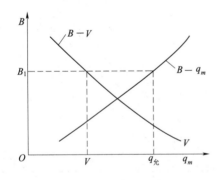

图 1-30　$B-q_m$ 及 $B-V$ 曲线

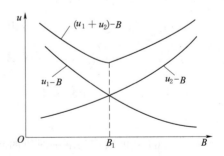

图 1-31　各方案投资费用关系图

最后按投资费用最低的原则，选定泄洪建筑物溢洪道宽度 B。但是，在下游无防洪任务而不计入下游防洪费用的情况下，可能总投资费用不出现极小值。在这种情况下，溢洪道宽度 B 的合理确定应作综合分析比较，多方论证。

（2）有闸溢洪道水库的防洪计算。溢洪道上设置闸门，尽管增加泄洪设施的投资和操作管理工作，但可以比较灵活地按需要控制泄流量和时间，这将给大中型水库的防洪效果

和枢纽的综合利用带来很大好处。有闸门控制的泄洪建筑物，技术上有可能使防洪库容与兴利库容结合使用，提高综合利用效益，并有控制泄洪的能力，能承担下游的防洪任务。此外，还便于考虑洪水预报，提前预泄腾空库容。为了保证兴利蓄水的要求，闸门顶高程 $Z_门$ 不能低于正常蓄水位，一般与正常蓄水位齐平；为了使兴利与防洪相结合，可能时，防洪限制水位 $Z_限$ 应小于正常蓄水位，大于堰顶高程 $Z_堰$，如图 1－32 所示。有闸溢洪道水库的防洪计算特点是泄流方式属于控制泄流，决定了在防洪计算上与无闸溢洪道的基本区别。

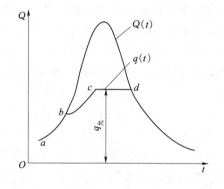

图 1－32　有闸门控制的水库调洪示意图

1）拟定方案。组成有闸溢洪道水库防洪计算的参数很多，除溢洪道宽度 B 之外，还包括堰顶高程 $Z_堰$、闸门顶高程 $Z_门$、防洪限制水位 $Z_限$ 以及水库下游河道允许泄量 $q_允$。如前所述，一般情况下，闸门顶高程与正常蓄水位齐平，而堰顶高程在水工设计时可以定出，水库下游河道允许泄量由下游防洪任务定出，需要分析研究的是防洪限制水位。因此，在拟定若干个不同溢洪道宽度 B 的方案时，还需确定防洪限制水位。

防洪限制水位 $Z_限$ 是汛期来到之前，水库允许经常维持的上限水位。对于设计条件，它是调洪的起始水位。该水位反映了兴利库容与防洪库容结合的程度，当防洪限制水位等于正常蓄水位时，表示两者不结合，多数属于无闸门控制的情况。从防洪的要求出发，防洪限制水位定得越低（低于正常蓄水位），就会有越多的兴利库容兼作防洪，一举两得；从兴利用水要求出发，防洪限制水位不能太低，应使汛后回蓄更有保证，为了充分发挥水库的效益，应该把防洪库容与兴利库容尽可能地结合起来。因此，防洪限制水位要根据泄洪建筑物的控制条件、洪水特性和防洪要求等确定。

2）拟定泄流方式。由于有闸溢洪道水库的泄流方式属于控制泄流，因此，调洪计算时，应先根据水库下游防洪、非常泄洪和是否有可靠的洪水预报等情况拟定泄流方式。泄流方式不同，所造成的调洪作用也不尽一致。

设溢洪道宽度为某一数值 B，溢洪道堰顶高程和调洪起始水位 $Z_限$ 已定，下游安全泄量 $q_允$ 为已知，当洪水上涨时，库水位在调洪起始水位，此时闸门前已具有一定的水头，如果打开闸门，则具有较大的泄洪能力。在无预报的情况下，应控制泄洪，逐渐开启闸门使下泄流量与入库流量相等，如图 1－32 中 ab 段所示。b 点以后，入库流量开始大于闸门全部开启时的下泄流量。这时为使水库有效泄洪，应将闸门全部打开，形成自由泄流，如图 1－32 中 bc 段所示。当下泄流量达到 $q_允$ 时，水库水位仍在继续上涨，为了使下泄流量不超过 $q_允$，必须将闸门逐渐关闭，形成固定泄流方式，如图 1－32 中 cd 段所示。整个泄流过程为 $abcd$ 线段，相应的防洪库容为设计洪水过程线与 $abcd$ 线所包围的面积。

当溢洪道宽度 B 有若干个方案时，可以用上述方法绘制出 $B-V_防$ 曲线，从而根据水

库地形、溢洪道地形条件，并通过经济计算，确定最优的一组 B 和 $V_{防}$。

上述方法是设想水工建筑物设计洪水标准与下游防护对象设计洪水标准相同的情况。在实际工程设计中，两种设计洪水标准不会完全相同，一般是建筑物的设计洪水标准高于下游防护对象的设计标准。在这种情况下，水库调洪任务应首先满足下游防护对象的安全要求，即根据防护对象的设计洪水，使上游水库调洪后的下泄流量不超过 $q_{允}$，并得相应的防洪库容 $V_{洪1}$（图 1-33）和防洪高水位。然后用水工建筑物的设计洪水进行调洪计算，在水库蓄水达到 $V_{洪1}$ 之前，水库按 $q_{允}$ 下泄；当水库蓄水达到 $V_{洪1}$ 时，说明这次洪水的大小已超过下游设计洪水标准，下游防洪要求不能满足，但应保证水工建筑物的安全，把闸门全部打开，形成自由溢流，至 e 点泄流流量达到最大值，所增加的防洪库容为 $V_{洪2}$（图 1-34）。水库的防洪库容 $V_{洪}=V_{洪1}+V_{洪2}$，该库容是水库既考虑下游防洪要求又考虑水工建筑物安全所需要的总防洪库存。这种水库防洪的分级调节方法，能在一定程度上实现大水大放、小水小放，有利于洪水调节。

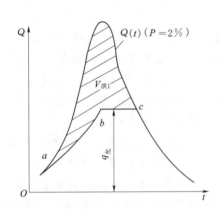

图 1-33　按下游防护对象设计洪水调洪示意图

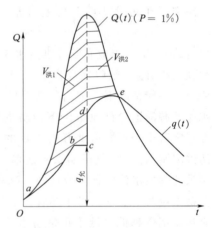

图 1-34　按水工建筑物设计洪水调洪示意图

3）调洪计算。针对拟定的各个不同溢洪道宽度 B 的方案和选定的防洪限制水位、泄流方式，以及已知的入库洪水过程线和下游河道允许泄量 $q_{允}$，用列表法进行调洪计算，求得下泄流量过程线和相应的防洪库容。有了防洪库容，就可求得相应的设计洪水位。同样，可以求得校核库容及相应的校核洪水位。

4）方案比较和选择。有闸溢洪道尺寸和水库有关参数的方案比较和选择与前述无闸溢洪道的情况基本相同。

（3）具有非常泄洪设施水库的防洪计算。

1）非常泄洪设施。有的水库校核洪水比设计洪水大得多，尤其当校核洪水采用可能最大洪水时，两者相差更为悬殊。如只设有正常泄洪建筑物，必将增加工程造价。因此，为了安全又不致使造价过高，若条件许可，应尽量修建位置适当、工程比较简易的非常泄洪建筑物，帮助正常泄洪设置宣泄比设计洪水大很多的洪水。

2）非常泄洪设施的启用标准。非常泄洪设施属于一种临时的、特殊的防洪设施，应规定在某一种条件下启用，故有一个启用标准问题。目前，多以某一库水位作为启用标准，这个水位称为启用水位 $Z_{启}$。启用标准较高，能减少下游洪水灾害，但会使建筑物规模增大，上游淹没损失增加；启用标准过低，建筑物规模小、造价低，但下游遭受洪水灾害机会增多，损失亦大。因此非常泄洪设施的启用标准必须通过综合技术经济论证来决定。

3) 调洪计算。针对已选定的非常溢洪道宽度、启用水位、校核标准（或可能最大洪水）的入库洪水过程，按无闸溢洪道的自由溢流，采用上文所介绍的方法进行调洪计算，求得非常泄洪情况下的泄流过程线、最大下泄流量，在校核洪水标准下所需要的防洪库容，以及校核洪水位和坝顶高程。必须指出，计算时应使用合成泄流曲线 $Z-q$ 及相应的蓄泄曲线，即启用水位的泄流量应包括正常溢洪道的泄流量和非常溢洪道的泄流量。

通过调洪计算成果可以看出，当溢洪道宽度不变时，如果降低启用水位，溢洪道将提早泄洪，增大下泄流量和减小所需的防洪库存。在启用条件相同的情况下，非常泄洪设施的尺寸越大，泄洪能力也越大，所需的防洪库容也越小。因此，可根据上述的相互关系，以及地区的实际情况，对方案进行优选。

（二）溃坝洪水计算

兴修水库主要是为了兴利和防洪，促进国民经济的发展，为人类造福。但是，由于某些特殊原因，例如战争、地震、超标准洪水以及施工、管理的严重失误，都会使坝体突然遭到破坏，形成溃坝洪水，给下游带来极其严重的损失。在我国，中小型水库溃坝的事故也时有发生。因此，在水工设计的水文计算中，对于中小型水库的溃坝最大流量也必须作必要的计算，以便为今后工程管理和防护提供必要的依据。

1. 坝址溃坝最大流量计算

溃坝流量计算方法基本可分为两类：一类是详算法，如特征线法、瞬态法，这些方法计算工作量大，工程设计很少采用；另一类是简化法，种类也不少。这里着重介绍两种方法，以供学习和应用参考。在坝体瞬时全溃条件下，里特尔在圣维南不恒定流方程的基础上，假定水库库区为平底、无阻力，河槽为棱柱体，推导出了溃坝最大流量计算公式：

$$Q_{max} = (8/27)\sqrt{g}BH^{3/2}$$

式中：Q_{max} 为溃坝最大流量，m^3/s；g 为重力加速度，m^3/s；B 为坝址处的库面宽，通常以坝长表示，m；H 为坝前水深，m。

考虑到坝体局部溃决的情况，以及溃决口门和溃口处残留坝体高度对溃坝最大流量的影响，中国铁道科学研究院采用该院和某些水库试验资料，综合归纳，得出适合于瞬间全溃和局部溃决的坝址溃坝最大流量计算公式为

$$Q_{max} = 0.27\sqrt{g}(L/B)^{1/10}(B/b)^{1/3}b(H-Kh)^{3/2}$$

式中：L 为库区长度，m，一般可采用坝址断面至库区上游端部库面突然缩小处的距离，当 $L/B>5$ 时，其影响不再增加，均按 $L/B=5$ 计算；b 为溃口的平均宽度，m，全溃时等于坝长；h 为溃口处残留坝体的平均高度，m；K 为经验系数，按 $K=1.4(bh/BH)^{1/3}$ 估计；其余符号意义同前。

显然，上式适用性比较广泛，当 $b=B$，$h=0$ 时，为全部溃决；当 $b<H$，$h=0$ 时，为横向局部溃决；当 $b<H$，$h>0$ 时，为横向与竖向局部溃决同时存在。

2. 坝址溃坝洪水过程线的推求

计算坝址溃坝洪水过程线的目的，在于推算下游各处溃坝洪水最大流量、水位和到达

时间。根据前人试验和对计算成果的分析，得出溃坝流量过程线与溃坝最大流量 Q_m、溃坝时入库流量 Q_0、下游水位以及溃坝可泄库容有关，其线型近似于四次抛物线，即

$$\frac{t}{T}=\left(1-\frac{Q_t-Q_0}{Q_m-Q_0}\right)^4$$

式中：Q_t 为 t 时刻的流量，m^3/s；Q_m 为溃坝最大流量，m^3/s；Q_0 为入库流量，m^3/s；T 为过程线的总历时，s。

根据水量平衡原理，坝址溃坝洪水过程线的总历时 T 应满足下列条件：

$$T=\frac{5W}{Q_m-Q_0}$$

式中：W 为溃坝前的水库蓄水容积。

由上式求得 T 值以后，连同已知的 Q_m、Q_0，就可以按表 1-7 的数值缩放求得坝址溃坝洪水过程线，如图 1-35 所示。

表 1-7　　　　　　　　　　坝址溃坝典型过程线坐标值

t/T	0	0.05	0.1	0.2	0.3	0.4	0.6	0.8	1.0
$\dfrac{Q_t-Q_0}{Q_m-Q_0}$	1.0	0.62	0.48	0.34	0.26	0.207	0.130	0.061	0

典型过程线法计算简单，易于掌握，但由于把溃坝流量的全部过程过于概化，因此不能反映水库的库容特性以及坝址泄流过水能力等因素，只能是近似计算。

3.溃坝洪水向下游的演算

求得坝址溃坝流量过程线之后，可以用不恒定流解法向下游推演，求得下游各断面的流量过程线。由于溃坝波向下游演进时主要受河槽蓄水作用，尖峰部分容易坦化，可以忽略动力方程式中的惯性项和立波特性，采用水量平衡的图解法作简化计算。按照水量平衡原理，Δt 时段内 Δl 河段入流与出流的水量差应等于河槽蓄水的变化，即

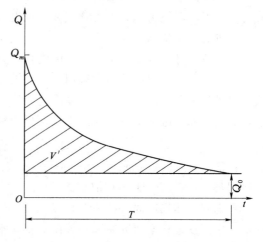

图 1-35　坝址溃坝洪水过程线

$$\frac{1}{2}\Delta t\left[(Q''_1+Q'_1)-(Q''_2+Q'_2)\right]=\frac{1}{2}\Delta l\left[(F''_2+F''_1)-(F'_2+F'_1)\right]$$

式中：Δl 为河段长度；F 为段面积；Q 为流量。

符号上角标"'"代表时段初；符号上角标"''"代表时段末；符号下角标"1"代表河段入流断面；符号下角标"2"代表河段出流断面。

上式两端用 Δt 除，并令 $K=\Delta l/\Delta t$，经移项整理得

$$(KF'_1+Q'_1)-(KF''_1-Q''_1)=(KF''_2+Q''_2)-(KF'_2-Q'_2)$$

当 Δl 与 Δt 确定后，K 值已知，由每个断面的水位-流量及水位-面积曲线，便可建立河段上下河段上下断面的 $Q-(KF\pm Q)$ 曲线（图 1-36）。同时，根据上式原理与图

1-36，可进行以下图解步骤。

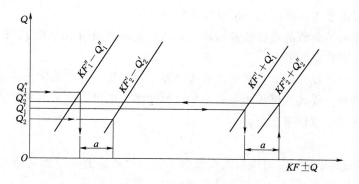

图 1-36　Q-$(KF\pm Q)$曲线

（1）已知 Q''_1，由图 1-36 查得 $KF''_1-Q''_1$；已知 Q'_2，由图 1-36 查得 $KF'_2-Q'_2$。

（2）令 $(KF'_2-Q'_2)-(KF''_1-Q''_1)=a$。

（3）已知 Q'_1，由图 1-36 查得 $KF'_1+Q'_1$，进一步计算可得 $KF''_2+Q''_2$。

（4）由 $KF''_2+Q''_2$ 在图 1-36 上查得 Q''_2，以此类推，即可求得河段出流过程线。

在溃坝的情况下，第一时段的出流量不能当作直线变化。在溃坝立波未到达下断面之前，流量仍为起始状态 Q_0；当立波到达时，流量瞬时陡涨，如图 1-37 所示。因此，第一时段需用试算方法处理。

第一时段 Δt 的选取应满足下式：

$$\Delta t \geqslant \frac{\Delta l}{\omega}$$

而且

$$\omega = v_0 + \sqrt{gh_0\left(1+\frac{2h}{3h_0}\right)}$$

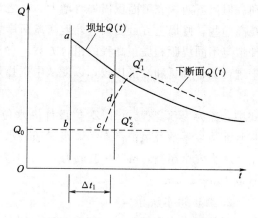

图 1-37　第一时段试算示意图

式中：ω 为立波传播速度；v_0 为起始状态断面平均流速；h_0 为起始状态断面平均水深；h 为立波高度。

试算时先假定时段末下断面流量 Q_2，由于起始流态及时段入流过程已知，就可以求得时段增加的水量，即图 1-37 中 $abcde$ 的面积。然后根据河段上下断面时段始末流量，由水位-流量及水位-面积曲线查得相应过水面积，计算时段始末的河槽蓄量 $W=\Delta l \bar{F}$ 及其差值 ΔW，如果 ΔW 等于时段增加的水量，则假定的 Q_2 即为所求，否则必须另设 Q_2 值重算，直至两者相等。

（三）堤防防洪水利计算

1. 堤防工程

（1）堤防设计标准。堤防工程的设计标准，可根据防护对象的重要性参照《防洪标准》（GB 50201—2014）中的标准选定，一般采用实际年法（如长江干流堤防常以 1954

年洪水位为标准）和频率法（防御多少年一遇的洪水）两种表示方法。如果单靠堤防不能满足规定设计标准要求，则应配合采取其他防洪措施。

若河道两岸防护对象的重要性差别较大，两岸堤防可采用不同的设计标准，这样可减少投资，确保主要对象的安全。

校核时可采用比设计标准更高的洪水或已发生过的较大的洪水作为标准。

（2）堤线选择。堤线选择需要考虑保护区的范围、地形、土质、河道情况、洪水流向等因素，一般应该注意以下几点：

1）少占耕地、住房。

2）堤线应短直平顺，尽可能与洪水流向平行。堤线位置不应距河槽太近，以保证堤身安全。在满足防洪要求的前提下，尽可能减少工程量。

3）堤线尽可能选在地势较高、土质较好，基础较为坚实的土层上，以确保堤基质量。

（3）堤防间距（堤距）和堤顶高程。堤距与堤顶高程紧密相关。在设计洪水过程线已定的情况下，一般堤距加宽，河槽过水断面增大，河槽对洪水的调蓄作用也大一些，因而将使最高洪水位降低，堤顶也可低一些，修堤土方量也会有所减少，对防汛抢险也较为有利，但河流两岸农田面积损失将增大。反之，堤距缩小，河槽过水断面随之减少，则堤顶要高一些，修堤土方量要大些，但河流两岸损失的农田会少一些。依据河道地形、土质条件拟定不同堤距和堤顶高程的组合方案，并对各方案的工程量、投资、占用土地面积等因素进行综合分析和经济比较，以便从中选择最优方案。堤顶高程计算公式为

$$Z = Z_1 + h + \Delta$$

式中：Z 为堤顶高程，m；Z_1 位设计洪水位，m；h 为波浪爬高，m，与堤的护坡情况、临水面边坡系数及风浪高有关，可参照《水工建筑物荷载设计规范》（SL 744—2016）确定；Δ 为安全超高，m，一般取为 $0.5\sim1.0$m，有些设计将 $h+\Delta$ 统称为超高，对于干堤常取 $1.5\sim2.0$m。

2. 河道洪水演算

天然河道中水流运动一般为缓变不稳定流运动。描述明渠不稳定流运动的基本微分方程组，首先由法国科学家圣·维南于 1871 年提出，其形式为

连续方程：

$$\frac{\partial F}{\partial t} + \frac{\partial Q}{\partial x} = 0$$

动力方程：

$$\frac{\partial Z}{\partial x} + \frac{1}{g}\frac{\partial v}{\partial t} + \frac{v}{g}\frac{\partial v}{\partial x} + \frac{v^2}{C^2 R} = 0$$

式中：Q 为流量，m³/s，$Q=Fv$；v 为流速，m/s；t 为时间，s；Z 为水位，m；F 为过水断面面积，m²；x 为距离，m；g 为重力加速度，m/s²；R 为水力半径；C 为谢才系数，可根据糙率 n 与 R 求得，计算公式为

$$C = \frac{1}{n} R^{1/6}$$

该方程是一组拟线性双曲线型偏微分方程，可以用数值法直接求解，其中以差分法最

为方便。差分法一般可以分两大类：一类是将原方程直接化为差分形式求解，称为直接差分法；另一类则将方程组先化为特征线方程，然后将特征线方程化为差分形式求解，称为特征差分法。

上述两种方法的差分格式又有显函数形式和隐函数形式之分。显式差分是将非线性微分方程直接化为线性代数方程，并可逐时段求解，计算比较简便。其缺点是差分格式稳定性较差，步长限制较严，如步长取得较大，则计算精度不能保证，甚至会使计算无法进行。隐式差分法求解虽然比较复杂一些，但稳定性较好，可选用较大的计算步长，计算速度相对较好。差分方程组建立后，可用直接线性化迭代法或牛顿迭代法将圣维南非线性方程组线性化，然后用追赶法求解线性代数方程组。

具体计算时，首先参照空间步长将整个研究河段 x 分为若干个计算河段，按时间步长将整个洪水过程 t 分为若干个计算时段。其次，对于每一河段，每一时段写出动力方程和连续方程。将各河段连续方程的动力方程以及上、下游边界条件，用四点隐式差分格式按河段顺序写出相应的线性代数方程组，利用追赶法进行求解。

（四）分（蓄）洪工程水利计算

1. 分（蓄）洪工程规划

分（蓄）洪工程规划主要包括：分析原有河道泄洪能力、拟定设计分洪标准，选择分洪、蓄洪区，研究分洪、蓄洪工程（进洪闸、排洪闸、分洪道、围堤、安全区等）的合理布局，对各种可行方案进行分析论证和经济比较，最终确定各种工程的规模。一般分洪区的位置应选在被保护区的上游，尽可能邻近被保护区，以便发挥它的最大防护作用。

2. 分（蓄）洪工程出流计算

分洪、蓄洪区的进洪闸和排洪闸，其闸门底板一般为宽顶堰（平底堰也属宽顶堰）和实用堰。过闸水流状态开始为自由出流，然后逐渐变成淹没出流。当闸门局部开启，过闸水流受闸门控制，上、下游水面不连续时，为闸孔出流；当闸门逐渐开启，过闸水流不受闸门控制，上、下游水面为一光滑曲面时，为堰流。

（1）矩形堰出流计算普遍公式为

$$Q = \sigma\varepsilon mB\sqrt{2g}\,H_0^{3/2}$$

式中：σ 为淹没系数，自由出流时取为 1；ε 为侧向收缩系数；m 为堰流流量系数；B 为闸孔净宽，m；H_0 为堰上总水头，m。

（2）闸孔出流计算普遍公式为

$$Q = \sigma\mu Be\sqrt{2g}\,H_0$$

式中：μ 为闸孔自由出流流量系数；e 为闸门开启度，m。

泄洪闸型式和尺寸选定后，矩形堰与闸孔出流公式中的各项系数可根据《水力学手册》选取。为便于进行调节计算，对于自由出流，一般可先绘出闸上水位与流量的关系曲线；对于淹没出流，可先绘出闸上水位-流量-闸下水位曲线（图 1-38）。

闸口流量可按上述堰流公式估算。

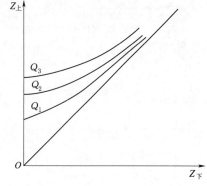

图 1-38　闸上水位-流量-闸下水位曲线

　　进洪闸闸上水位为江河水位，闸下水位为分洪区水位。分洪区水位由计算时段内分洪区蓄水量的变化及分洪区容积曲线确定，像水库调洪一样通常需要试求。排洪闸相反，闸上水位为分洪区水位，闸下水位为排入河道的水位。

　　由此可见，当分洪区容积曲线确定后，假定不同进洪闸和排洪闸方案，即可对设计洪水进行分（蓄）洪调节计算，从而求得各方案的水位、流量过程，然后对于满足设计的要求方案进一步作分析论证和经济比较，最后从中找到最佳方案。

四、注意事项

　　（1）对于狭长的河川式水库，在通过洪水流量时，由于回水的影响，水面常呈现明显的坡降。在这种情况下，按静库容曲线进行调洪计算常带来较大的误差，因此为了满足成果精度的要求，必须采用动库容进行调洪计算。

　　（2）在实际的防洪工程设计中，水工建筑物设计洪水标准与下游防护对象设计洪水的标准不会完全相同。一般是建筑物的设计洪水标准高于下游防护对象的安全要求，但也有特殊情况。在进行防洪调节时，需要参考两种设计标准调整防洪调节的计算方法。

　　（3）无闸溢洪道和有闸溢洪道的泄流方式不同，承担的防洪任务也有区别。因此，这两类溢洪道的水库防洪计算有所不同。在进行有闸溢洪道水库的防洪计算时，需要先拟定泄流方式。

　　（4）在短期洪水预报已具有一定水平下，可以预先从兴利库容中适当泄出一部分水量，腾空部分库容以蓄拦洪水，从而减少专设的防洪库容，降低水工建筑物造价。

五、思考题

　　（1）简述水库调洪的基本原理。
　　（2）影响水库调洪计算的因素有哪些？
　　（3）在水库调洪计算过程中，根据静库容与动库容调节的步骤分别有哪些？
　　（4）无闸溢洪道水库的防洪计算与有闸溢洪道相比较，有什么特点？

第二章

水文预报课程设计

第一节　流域水文模型的应用

一、课程设计目的

流域水文模型是计算机和计算机技术在水文水资源学科领域内的应用同步发展起来的一种新技术。水文模型是对复杂的水文系统的简单表达，它在解决生产问题和进行水文规律的研究中起着重要作用，是有效的水文预报工具。目前水文上付之使用的主要是概念性模型，它是根据降雨径流的物理过程来建立模型的结构，率定模型参数。所以，概念性模型的核心是模型的结构和参数。

通过本次课程设计，要求学生：

（1）熟悉和了解所使用的流域水文模型产流、汇流计算的基本原理和计算方法。

（2）熟悉和掌握所使用的流域水文模型的基本结构和参数，参数的物理意义和相应的计算方法，参数率定的方法和步骤。

（3）掌握用流域水文模型研究水文规律，编制水文预报方案的方法步骤，提高分析问题和解决问题的综合能力。

二、课程设计（知识）基础

（1）流域的产流、汇流规律。

（2）用流域水文模型的概念和方法编制该流域的洪水预报方案。

三、课程设计方法步骤

以新安江模型为例介绍应用流域水文模型编制水文预报方案的步骤。

新安江模型是一个分散参数的概念性模型。根据流域下垫面的水文、地理情况将流域分为若干个单元面积，对于每个单元面积预报出的流量过程演算到流域出口然后叠加起来为整个流域的预报出流。

1．技术准备

流域水文模型涉及水力学、气象学、陆地水文学、径流形成原理、水文预报、计算机和计算机技术在内的多学科领域，在水文模拟计算中出现的问题如何用正确的概念和方法进行分析判断和理解是很重要的，需要对已学过的知识进行复习，补修一些新的知识，查阅一些参考文献。

2. 基本资料的搜集、整理和分析

为了保证计算成果的精度，预报方案的正确，首先要根据研究流域的实际情况，认真做好基本资料的搜集、整理和分析工作。基本资料主要有：

（1）水文气象资料。包括：降水、蒸发、径流、冰情、气温、日照和云量等。

（2）流域特性资料。包括：地形、地貌、土壤、植被以及河流、湖泊、沼泽特性等。

（3）水利工程概况。包括：各级水库的有效库容及灌溉面积，各类引、提水工程的引、提水量及灌溉面积、灌溉定额等。

（4）水文地质特性资料。包括：岩性分布，地下水平均埋深及其补给、排泄特性，地下水开采情况等。

（5）社会经济资料。包括：耕地、林地、草牧场、荒地的面积和分布特点，经济发展情况等。

（6）以往水文及水资源分析成果，洪水预报方案等。

3. 产流方式的验证

不同的产流方式，产流计算方法不同，采用的模型亦不同。根据搜集到的水文气象以及下垫面资料，对研究流域的产流方式进行全面论证后，选择适合该流域的水文模型。

新安江模型单元面积水文模拟采用：产流采用蓄满产流概念；蒸散发分为上、下层和深层共三层；水源分为地表、壤中和地下径流三种水源；汇流分为坡地、河网汇流两个阶段。

4. 资料输入

按模型计算程序对资料输入格式的要求，将有关的资料（降水、蒸发、实测径流等）输入计算机并仔细检查，确保正确无误。

5. 模型结构与参数

对所选择的水文模型进行认真分析研究。包括：模型的原理及相应的计算方法（蒸散发计算、产流计算、水源划分计算、汇流计算），模型的结构和参数，参数的物理意义及相应的计算方法。

新安江模型输入：面平均雨量 P，量测的蒸发器观测值 EM。模型输出：出流量 TQ，实际蒸发 E（分为三层：EU、EL 和 ED）。状态变量有流域平均张力水蓄量 W（分为三层：上层 WU、下层 WL 和深层 WD），平均自由水蓄量 S。FR 是产流面积，RB 是透水面积上的直接径流量。R 是透水面积上的产流量 [分为地表 RS、壤中 RI（或 RSS）和地下 RG]，通过坡地，河网汇流转化为 QS、QI、QG，单元总出流是 Q。

若河网汇流采用滞后演算法，单元的新安江模型有 15 个参数。当河道汇流用马斯京根法时，总共有 17 个参数。根据其物理意义与在模型中的作用可以分为四类：

（1）蒸散发参数 K、WUM、WLM、C。K 为蒸散发折算系数，WUM 为上层张力水蓄水容量，WLM 为下层张力水蓄水容量，C 为深层散发系数。

（2）产流参数 WM、B、IM。WM 是张力水蓄水容量，B 为张力水蓄水容量曲线指数（反映流域均匀程度），IM 为流域不透水面积。

（3）划分水源的参数 SM、EX、KG、KI（或 RSS）。SM 为自由水蓄水容量，EX 为自由水蓄水容量曲线指数，KG 为地下水出流系数，KI 为壤中流出流系数。

（4）汇流参数 CG、CI、CS、L。CG 为地下水消退系数，CI 为壤中流消退系数，CS 为河网水流消退系数，L 为单元流域汇流"滞时"。

对单元流域新安江模型，有 7 个参数较敏感：K、SM、KG、KI、CG、CS 和 L。

6．模型参数率定（模型计算）

模型参数率定，就是根据"有效性"或"优度"准则，估计出一组模型参数值，模型用该组参数值计算出的结果在给定准则下为最优。根据模型参数的分类，模型物理参数直接测量得到，一般不再参与调整。过程参数首先根据流域的水文、水力学特征确定一个初值或变化范围，而后进行参数率定。模型参数率定大致包括四个步骤：

（1）参数初值。根据模型参数的物理意义求出，也可以根据对模型参数的理解和认识经验估计出它的值，或用已有模型的应用经验估计它的值。

（2）模型计算。模型计算是指根据模型的输入和估计的模型参数，计算模型的输出。

（3）准则判别。根据选定的"有效性"或"优度"准则，判别模型估计的参数值计算所得的模型计算值与"真值"比较是否最优。如果是最优，参数率定结束。根据我国《水文情报预报规范》（GB/T 22482—2008），流域模型参数率定采用两种准则：合格率准则和确定性系数准则。

（4）调整参数。调整参数即根据模型计算值与实测值的偏差，分析引起偏差的原因，对有关参数进行调整，寻找新的更合理的参数值，重新代入模型计算，再判别、分析、调整，重复进行，直至准则判别其为最优。模型率定的过程，实质是误差分析的过程，解决问题的过程。模型率定好了，模型计算也完成了。在模型参数率定时，可分层次优选（产流、汇流）与整体优选相结合。

7．实时修正技术的应用

（1）误差来源的分析。水文预报误差是指水文要素的实测值与预报值之差，其误差来源主要有：水文测验、预报方法误差、抽样误差。

（2）误差因果关系分析。

（3）误差修正方法的选择与应用。可采用自回归模型法或卡尔曼滤波技术。

四、注意事项

（1）模型产流方式的论证。

（2）模型资料输入符合格式要求。

五、思考题

（1）简述流域水文模型的定义与分类。

（2）简述新安江模型的基本结构和应用场景。

（3）新安江模型中有哪些参数？简述各参数物理意义。

第二节　模型选择与分析

一、课程设计目的

本次课程设计的目的是通过完整的水文预报建模训练，使学生了解水文模型构建的基本流程，掌握模型构建过程需要考虑的基本要素。

二、课程设计（知识）基础

水文学原理中水量平衡、三层蒸发模型、流域产汇流计算等水文学基础知识。

三、课程设计方法步骤

水文预报建模或称预报方案建立，主要涉及模型选择、模型参数确定、模型分析检验和模型结构改进，具体流程如图2-1所示。

模型选择主要考虑气候、洪水、植被、地貌、地质和人类活动等因素，从蒸发、产流、分水源、坡面汇流和河网汇流五方面来选择。

（1）蒸发。对于我国绝大多数流域可采用三层蒸发模型。有些南方湿润地区流域，第三层蒸发作用不大，可简化为两层。蒸发折算系数可以是常数也可以是变数，在南方湿润地区，通常只考虑汛期和枯季的差异即可；而在高寒地区，还要考虑冬季封冻带来的差异。因此蒸发折算系数的季节变化要视具体流域的蒸发特征而定。

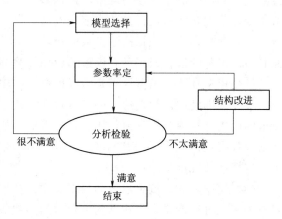

图2-1　建模流程图

（2）产流。主要根据流域的气候特征，湿润地区选择蓄满产流，干旱地区选择超渗产流，干旱半干旱地区采用混合产流。理论上讲，混合产流模型要优于其他两者，但在湿润地区，蓄满产流与混合产流两种方法计算结果除少数洪水外很接近，而蓄满产流结构相对简单、应用检验更充分、方法更成熟、使用起来也更方便，通常可优先选择；干旱半干旱地区流域，混合产流模型效果常好于其他两者，可作为首选模型。另外，如果流域地处高寒地区，产流结构中应考虑冰川积雪的融化、冬季的流域封冻等；如果流域内岩石、裂隙发育，喀斯特溶洞广布或甚至存在地下河的不封闭流域，产流要采用相应的特殊结构；还有一些人类活动作用强烈的流域，都不能一概而论。例如，流域内中小水库或水土保持措施作用大时，应考虑这些水利工程对水流的拦截作用等。

（3）分水源。可用稳定下渗率、下渗曲线、自由水相和下渗曲线与自由水相的结合等划分结构。稳定下渗率和下渗曲线划分结构，通常适用于两水源；自由水相和下渗曲线与自由水相的结合划分结构可用于三水源及更多水源的划分。

（4）坡面汇流。通常分三水源进行，汇流结构可以是线性水库、单位线、等流时线等。有些流域地面径流汇流参数随洪水特点不同而变化，可考虑参数的时变性；有些流域地下径流丰富、汇流机理复杂，还可考虑四水源。水源的划分是相对的，在目前技术和方法条件下不宜划分过多种水源，随着技术的发展、信息利用水平的提高，也可划分更多种水源。

（5）河网汇流。结构选择相对简单些，通常用分河段的马斯京根法汇流，也可采用其他方法，差别不会太大。只是汇流参数有时随洪水大小变化较大，要采用时变汇流参数。

四、注意事项

注意模型因素计算过程中不同情景下参数的选择问题。

五、思考题

（1）简述选择模型的主要参考因素。
（2）影响水文模型模拟效果的因素有哪些？如何进一步优化模型？
（3）简述水文模型构建的基本流程。

第三节　参数率定与验证

一、课程设计目的

（1）通过对新安江水文模型参数问题的讨论分析，了解模型构建过程中参数率定的基本原理和率定过程的主要思路。

（2）通过深入探讨模型参数问题，加强对模型选择与分析学习的理解与掌握。

二、课程设计（知识）基础

水文学原理中水量平衡、三层蒸发模型、流域产汇流计算等水文学基础知识。

三、课程设计方法步骤

原则上，任何模型的任一参数都可通过参数率定方法确定。然而，模型参数的率定是一个十分复杂和困难的问题。流域水文模型除了模型的结构要合理外，模型参数的率定也是一个十分重要的环节。新安江模型的参数大多具有明确的物理意义，因此，它们的参数值原则上可根据其物理意义直接定量。但由于缺乏降雨径流形成过程中各要素的实测与试验过程，故在实际应用中只能依据出口断面的实测流量过程，用系统识别的方法推求。由于参数多，信息量少，就会产生参数的相关性、不稳定性和不唯一性问题。下面就新安江模型参数的敏感性问题、参数的相关性问题、参数的人机交互率定和自动率定做一些讨论。

1. 参数的敏感性分析

参数的敏感性是指将待考察的参数增加或减少适当的数量，再进行模型模拟计算，观察它们对模拟结果和目标函数变化的影响程度，也称参数的灵敏度；参数改变后的模拟结果较参数改变前的模拟结果改变越大，则说明此参数越敏感（灵敏）；反之，若参数改变后的模拟结果与参数改变前的模拟结果基本不变，则说明此参数反应迟钝、不敏感。敏感性参数，其数量稍有变化对输出的影响就很大；反应迟钝的参数，对输出影响不大；有的参数在湿润季节敏感，在干旱季节不敏感，而有的参数则反之；有的参数在高水时敏感，低水时不敏感，而有的参数则反之；等等。对敏感的参数应仔细分析，认真优选；对不敏感的参数可粗略一些或根据一般经验固定下来，不参加优选。

新安江模型参数可分蒸散发计算、产流计算、分水源计算和汇流计算四类（或四个层次），在应用中，应根据特定流域的具体情况来分析确定。

2. 参数的相关性分析

模型参数的相关性问题历来是模型研制者关注的重点问题，模型中只要有相关程度较高的参数存在，其解就不稳定，也不唯一。为了解决参数相关性的问题，可按新安江模型的层次结构率定参数，每个层次分别采用不同目标函数的优化方法。实际应用中发现，新安江模型有些参数之间的不独立性既存在于层次之内，也存在于层次之间。

用历史水文资料检验验证，用选择的结构、确定的模型参数进行模拟计算，比较计算与实测流量的误差，可以分析检验模型结构和确定参数的合理性与所选结构对历史资料模拟的有效性。如果通过比较分析误差系列，模型模拟效果好，则说明结构合理有效，建模就结束，否则要分析效果差的原因，找出不合理的结构加以改进；如果效果很不满意，还应考虑重新选择模型。

综合历史资料模拟误差情况对模型结构改进主要是对原模型结构不够完善的地方进行改进。这改进的关键是分析模拟系统偏差与模型结构的关系。

系统偏差，就是模拟特征量系统的偏大（或偏小）于实测特征量。例如大洪水的计算洪峰系统偏小于实测洪峰，而小洪水的系统又偏大于实测值，这种系统偏差反映模型汇流参数还没有考虑随洪水特征不同而变化。因为通常流域大洪水地面径流汇集速度会比小洪水快，受到的流域相对调蓄作用比小洪水小些，如果采用常参数汇流结构，会引起这类系统偏差，可以考虑采用参数随洪水量级而变化的汇流结构；又如采用蓄满产流计算产流时，对夏季久旱后由大强度的对流型暴雨形成的洪水，如果计算的次洪产流量系统偏小于实测的次洪径流量，就要考虑产流结构的改进。因为夏季久旱后流域土壤缺水量很大，遇大强度暴雨不易蓄满就由于雨强大于下渗能力而产生地面径流，导致计算次洪径流量系统偏小，这种情况宜采用混合产流结构；另外同样对于夏季久旱后的洪水，假如计算的次洪产流量系统偏大于实测的次洪径流量，就要考虑地表面的截流作用。因为流域上地表面坑坑洼洼，还有农田、山塘、水坝和中小型水库等，夏季久旱后，由于蒸发、农业灌溉、城市生活和工业供水等，这些具有一定蓄水库容的设施蓄水量减少或干枯，降雨落在这些设施控制的流域面积上产生的径流首先受到这些水利工程设施的截流拦蓄，导致实测的径流量小于实际的产流。所以这时应考虑增加地面坑洼截流的结构，以模拟这类因素的作用；还有如高寒封冻与融化、岩溶调蓄、流域不闭合、参数值确定不合理等因素，都会引起不同特征的系统偏差，不同的问题需要分别处理，这里不一一叙述。

四、注意事项

（1）本次课程仅以新安江水文模型为例讲解水文模型参数的选择与率定问题，针对性较强。实际操作中具体模型的参数问题应以实际情景为准加以选择取舍。

（2）本次课程理论性较强，应重点学习掌握其中提供的考虑问题的思路。

五、思考题

（1）模型率定与验证需要的资料有哪些？

（2）简述进行参数敏感性分析与相关性分析的目的与操作步骤。

（3）模型参数率定的方法有哪些？请简单介绍各方法的原理与适用条件。

第四节 河 道 洪 水 预 报

一、课程设计目的

（1）掌握编制河段洪水预报方案的基本原理和基本方法。

（2）掌握应用水文、气象资料、收集的水工程及有关自然地理资料分析一个具体河段洪水波运动规律及其主要影响因素的方法。

（3）掌握应用常用计算机语言对所需计算进行程序设计，并熟练地进行操作计算。

（4）掌握按照《水文情报预报规范》（GB/T 22482—2008）评定预报方案合格率及作业预报误差的方法。

（5）掌握编写预报方案成果报告的方法步骤。

二、课程设计（知识）基础

（1）应用下游同时水位为参变量的相应水位关系和传播时间曲线，编制河段相应水位预报方案。

（2）应用马斯京根法、特征河长法和马斯京根连续演算法编制河段流量预报方案。

三、课程设计方法步骤

（1）收集整理河段上、下断面的洪水期水位、流量和水位流量关系资料，河段地形、地貌、水工程资料及区间降雨资料和支流水位、流量情况。

（2）摘取河段上、下断面相应洪峰资料，并计算洪峰在河段中的传播时间。

（3）点绘以下游同时水位为参变量的相应洪峰相关图和传播时间曲线。

相应水位法：取上、下游站之间的平均传播时间 τ 和 $\bar{\tau}$ 的关系，可把上、下游站相应水位关系分为顺时针、逆时针和单一线。对于上、下游站相距较短的河段，可以直接用相应洪峰水位（流量）或者分别作出落洪、恒定流和洪峰的曲线用于预报。

（4）对所建立的相应水位预报方法进行校核预报、误差评定和成果分析。

（5）用试错法确定马斯京根法的参数，并对所建立的马斯京根法进行校核预报、误差评定和成果分析。

（6）计算河段的特征河长，分析河段的洪水波波速。特征河长 l 是一个河段，其下断面的流量 Q 与该河段的蓄量 W 是单一关系。特征河长的计算公式是

$$l = \frac{Q_0}{S_0} \left(\frac{\partial h}{\partial Q} \right) \tag{2-1}$$

式中：Q_0，$\left(\dfrac{\partial h}{\partial Q} \right)$ 为恒定流状态下的数值。

（7）用特征河长法进行河段流量演算，并对所建立的特征河长法进行校核预报、误差评定和成果分析。

对于一个特征河长的河段，假定蓄量与出流间存在线性关系，则槽蓄方程为

$$W = K_i Q \tag{2-2}$$

式中：K_i 为特征河长的传播时间。

求解水量平衡方程与特征河长的槽蓄方程（有积分解和差分解）可以进行河道洪水演算，对于长河段要分段演算。

（8）用马斯京根法分段连续演算技术进行河段流量演算，并对所建立的马斯京根的分段连续演算法进行校核预报、误差评定和成果分析。

马斯京根法的槽蓄方程为

$$W = KQ' \tag{2-3}$$

$$Q' = xI + (1-x)Q \tag{2-4}$$

式中：K 为槽蓄曲线的坡度，等于恒定流状态下的河段传播时间，即 $K = \mathrm{d}W/\mathrm{d}Q_0$；$x$ 为反映河道的调蓄能力，$x = \dfrac{1}{2} - \dfrac{l}{2L}$；$Q'$ 为示储流量，相当于河槽蓄量 W 下的恒定流流量。

取水量平衡方程和槽蓄方程差分解，可得流量与演算方程为

$$Q_2 = C_0 I_2 + C_1 I_1 + C_2 I_2 \tag{2-5}$$

其中　　　$C_0 = \dfrac{0.5\Delta t - Kx}{0.5\Delta t + K - Kx}, C_1 = \dfrac{0.5\Delta t + Kx}{0.5\Delta t + K - Kx}, C_2 = \dfrac{-0.5\Delta t + K - Kx}{0.5\Delta t + K - Kx}$

$$C_0 + C_1 + C_2 = 1 \tag{2-6}$$

非线性马斯京根法有变动参数和非线性槽蓄曲线两种处理方法。在变动参数法中

$$x = \frac{1}{2} - \frac{l(Q')}{2L}, K = \frac{L}{C(Q')} \tag{2-7}$$

式中：C 为波速。

对于具体河段，$l(Q')$ 和 $C(Q')$ 都可根据水文站实测资料求得，如河段的 $l - Q'$ 和 $K - Q'$ 关系是线性的，可以建立 $x - Q'$ 及 $K - Q'$ 的线性方程。

为了满足马斯京根法在演算中流量沿河道及在时段内线性变化的要求，应取 $K \approx \Delta t$。对于长河道要进行分段演算。分段的参数为

$$N = \frac{K}{\Delta t}, x_i = \frac{1}{2} - N(0.5 - x), K_i = \frac{K}{N} \tag{2-8}$$

式中：N 为分段数；x_i，K_i 为每段的参数。

四、注意事项

马斯京根法槽蓄方程不能确切反映河段内各时刻槽蓄量的变化，所以计算的初始出流有时出现负值。为避免这种不合理现象，可用 $2Kx \leqslant \Delta t \leqslant 2K(1-x)$ 来合理选取计算时段 Δt；或采用分段连续流量演算，缩短计算河段，则蓄泄关系的代表性增强。

五、思考题

(1) 利用相应水位法作预报方案，加入下游站同时水位和上游涨差作参数有何作用？

(2) 天然河道槽蓄曲线有哪些类型？通过什么途径可使槽蓄曲线呈线性关系？

(3) 叙述马斯京根法中 Q'、x、K 3 个参数的物理意义。为什么要对 Δt 的大小加以限制？

第五节 流域降雨径流预报

一、课程设计目的

(1) 培养学生综合运用所学水文预报知识，分析和解决水文预报方案制作工程技术问题的能力。

(2) 通过课程设计实践，训练并提高学生分析问题、解决问题的能力。

(3) 学会计算机编程的基本方法和基本操作。

(4) 加深对水文预报方法的掌握，学会各种方法的综合运用。

(5) 锻炼从事专业工作的基本能力，学会简单的参数率定方法。

(6) 根据已给设计暴雨资料、参数，编写相应程序，将流域作为整体进行次洪产流量、划分水源、直接径流汇流、地下径流汇流计算；绘出直接径流过程、地下径流过程、总的流量过程。

二、课程设计（知识）基础

(1) 流域产汇流计算。

(2) 水文模型的选择与分析。

(3) 模型参数率定与验证。

(4) 设计面暴雨量的计算。

三、课程设计方法步骤

以白盆珠水库流域为例介绍流域降雨径流预报步骤。白盆珠水库位于广东省东江一级支流西枝江的上游，坝址以上集雨面积 $856 km^2$。流域地处粤东沿海的西部，海洋性气候显著，气候温和，雨量丰沛。暴雨成因主要是锋面雨和台风雨，常受热带风暴影响。降雨年际间变化大，年内分配不均，多年平均降雨量为 1800mm，实测年最大降雨量为 3417mm，汛期 4—9 月降雨量占年降雨量的 81% 左右；径流系数 0.5～0.7。

流域内地势平缓，土壤主要有黄壤和砂壤，具有明显的腐殖层、淀积层和母质土等层次结构，透水性好。台地、丘陵多生长松、杉、樟等高大乔木；平原则以种植农作物和经济作物为主，植被良好。

流域上游有宝口水文站，流域面积为553km²，占白盆珠水库坝址以上集雨面积的64.6%。白盆珠水库有10年逐日入库流量资料、逐日蒸发资料和时段入库流量资料。流域内有7个雨量站（图2-2），其中宝口以上有4个。雨量站分布较均匀，有10年逐日降水资料和时段降水资料；宝口水文站具有10年以上水位、流量资料；流域属山区性小流域且受到地形、地貌等下垫面条件影响，洪水陡涨缓落，汇流时间一般2~3h，有时更短；一次洪水总历时2~5d。计算年份及参数见表2-1，基本资料见表2-2。

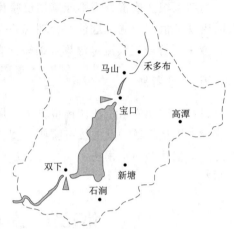

图2-2　流域站点分布图

表2-1　　　　　　　　　　　　计 算 年 份 及 参 数 表

计算年份	参　数						
	WM/mm	WUM/mm	WLM/mm	B	C	IM	fc/(mm/d)
	140	20	60	0.3	0.16	0.002	24
1989—1990	初始张力水蓄量						
	W/mm		WU/mm		WL/mm		WD/mm
	110		10		40		60

注　蒸散发折算系数 K_c 优选范围为0.90~1.30，优选的原则为计算的两年内每年的径流流量相对误差尽可能不超过5%。

表2-2　　　　　　　　　　宝口流域（$P=0.2\%$）设计暴雨过程

日期			蒸散发 /mm	降雨量/mm			
月	日	时		禾多布	马山	高潭	宝口
9	23	12	1.3	6.2	9.9	21.6	17.3
		15	1.3	7.6	16	20.6	12.6
		18	1.3	6.2	6.4	14.9	15.9
		21	1.3	8.8	17.2	29.4	18.5
	24	24	1.2	25	34.8	35.3	24.6
		3	0.9	29.9	29.2	43.9	37.8
		6	0.9	38.6	24.8	46.9	33
		9	0.9	6.9	7.5	6.1	12.3
		12	0.9	28.3	29.9	34.2	28.5
		15	0.9	25.6	42.7	39.8	75.4

日期			蒸散发	降雨量/mm			
月	日	时	/mm	禾多布	马山	高潭	宝口
		18	0.9	93.9	137.6	124	13.2
		21	0.9	85.3	90.8	85	75.9
	25	24	0.8	51.5	47.4	49.2	38.5
		3	1.1	39.8	70.3	42.1	97.7
		6	1.1	43.2	47.3	61.5	45.9
		9	1.1	20.5	13.3	15.8	13.1
		12	1.1	10.5	8	1.8	3.3
		15	1.1	7.4	8.4	7.6	10.9
		18	1.1	1.8	2.8	2.1	4.6
		21	1.1	0.2	0	0.3	0
	26	24	1.2	0	0	0	0
		3	2.1	0	0	0	0
		6	2.1	0	0	0	0
		9	2.1	0	0	0	0
		12	2.1	0	0	0	0
		15	2.1	0	0	0	0
		18	2.1	0	0	0	0
		21	2	0	0	0	0

1. 三层蒸发模式的计算

由于土壤含水率不宜直接用于水量平衡式的产流量计算，常把蒸发与土壤含水率的关系转化为土壤含水量的关系，目前国内常用的三层蒸发计算模式如下。

上层蒸发量：

$$E_U = E_P \tag{2-9}$$

下层蒸发量：

$$E_L = E_P \cdot WL / WLM \tag{2-10}$$

深层蒸发量：

$$E_D = CE_P \tag{2-11}$$

总蒸发量：

$$E = E_U + E_L + E_D \tag{2-12}$$

式中：E_P 为流域蒸发能力，mm；WL 为下层土壤含水量，mm；WLM 为下层土壤含水容量，mm；C 为蒸发扩散系数。

三层蒸发模式按照先上层后下层的次序，具体分如下 4 种情况计算。

（1）当 $WU + P \geqslant E_P$ 时：

$$E_U = E_P, E_L = 0, E_D = 0 \tag{2-13}$$

(2) 当 $WU+P<E_P$，$WL \geqslant C \cdot WLM$ 时：

$$E_U=WU+P, E_L=\frac{(E_P-E_U)WL}{WLM}, E_D=0 \tag{2-14}$$

(3) 当 $WU+P<E_P$，$C(E_P-E_U) \leqslant WL<C \cdot WLM$ 时：

$$E_U=WU+P, E_L=C(E_P-E_U), E_D=0 \tag{2-15}$$

(4) 当 $WU+P<E_P$，$WL<C(E_P-E_U)$ 时：

$$E_U=WU+P, E_L=WL, E_D=C(E_P-E_U)-E_L \tag{2-16}$$

式中：WU 为上层土层含水量，mm；P 为降雨量，mm。

2. 流域蓄水容量曲线

流域蓄水容量曲线是将流域内各地点包气带的蓄水容量，按从小到大顺序排列的一条蓄水容量与相应面积关系的统计曲线。

包气带含水量中有一部分水量在最干旱的自然状况下也不可能被蒸发掉，因此上述的包气带蓄水容量是包气带中实际可变动的最大含水量，即包气带达田间持水量时的含水量与最干旱时含水量之差，也等于包气带最干旱时的缺水量，因此，流域蓄水容量曲线也反映了流域包气带缺水容量分布特性。

3. 降雨量产流量计算

(1) 初始土湿分布与计算。一般情况下，降雨前的初始土壤含水量不为零，这时，初始土壤含水量在流域上的分布直接影响降雨产流量值。

(2) 建立降雨径流关系。由蓄水容量曲线转换为降雨径流关系图。

(3) 产流量计算。当有了 $R=f(PE,W)$ 关系曲线后，即可进行产流量计算，具体步骤如下：

1) 根据前期实测降雨量和蒸散发计算模式，推算得本次降雨初始时的流域土湿 W。

2) 计算本次降雨的流域平均值 P，扣除雨期蒸发后得 PE 值。

3) 查降雨径流关系图，得产流量计算值 R。

4. 二水源划分

流域坡地上的降雨产流量因产流过程的条件和运动路径不同，受流域的调蓄作用不同，各径流成分在流量过程线上的反应并不一样。在实际工作中，常需按各种径流成分分别计算或模拟，因而要对产流量进行水源划分。

通过稳渗率 f_c 可划分产流量中的直接径流和地下径流。

5. 直接法推求设计面暴雨量

在有较长系列的面暴雨量资料时，用数理统计方法直接计算。首先选定不同统计时段。短历时一般取 1h、3h、6h、12h 和 24h 为统计时段。长历时取 3d、5d、7d 为统计时段。特长历时可取 15d 和 30d 为统计时段，视工程要求和流域大小而定。逐年选取每年中各时段的最大面暴雨量（称年最大选样法），组成面暴雨量系列，并审查系列的代表性；然后，分别对各时段暴雨量系列进行频率分析（见水文频率分析），并对频率分析成果作合理性检查，即可求得各时段的设计面暴雨量。

四、注意事项

(1) 用给定权重计算流域面平均雨量。

（2）参数 K_c 的优选原则。

（3）计算的两年资料的 K_c 应相同并使得两年内每年的年径流相对误差尽可能不超过 5%。

五、思考题

（1）请简述水文预报的方法。它们的原理与操作步骤是怎样的？

（2）进行流域降雨径流预报时需要收集的资料有哪些？

（3）请根据绘制的降雨径流关系图，分析降雨与径流之间的相关关系。

第六节　实时洪水预报系统

一、课程设计目的

实时洪水预报是水文专业的重要内容之一。本设计的目的是使学生真正掌握实时洪水预报的原理和方法，能在实际工作中根据具体任务选择合适的实时预报模型与软件，设计合适的遥测站网，在满足预见期与预见精度的前提下，实现洪水预报的自动化。

通过此课程设计要求达到：

（1）掌握实时洪水预报方法的核心原理，即采用全面合理的实时修正技术。在每次预报作出之前，根据实时的雨水情信息，对不符合实际的模型参数、状态变量、输入、输出进行合理的修正。目前国内外常用的实时预报模型有意大利 CLS 模型，我国有"大型水电系统实时洪水预报与调度模型"（简称 D 模型）。D 模型具有通用的商品化软件，采用自适应卡尔曼滤波技术进行实时修正，因而使用方便，效果良好，同时可以预报流域内众多断面的流量过程，深受用户欢迎。

（2）掌握水文资料的收集、整理、审查方法。

（3）掌握其他简化的实时洪水预报方法。例如新安江模型加出口断面的误差自回归方法。这类方法可以用于小流域的实时预报。

（4）使用 D 模型对该流域进行参数率定。使用 D 模型软件对各次洪水资料进行模拟，根据各水文站实测与计算过程的误差情况，调整产汇流参数。D 模型有萨克模型和新安江（三水源）模型两个产流模型可供选择，一般可用后者。

（5）D 模型检验。参数率定完成之后，另选两场没有参加率定的洪水资料进行检验，检验与率定的区别主要有两点：检验具有预见期的概念，检验不适用预见期的降雨资料。因而预见期内降雨越大，误差越大；预见期越长，误差越大。另外，检验有实时修正，而率定没有。

（6）对预报（检验）结果进行合理性分析。因为检验的条件与将来用于实时预报时的条件完全一致，所以精度也会完全一致。一般而言，率定结构好，检验也会好。当预见期内降雨太大时检验误差也较大。

二、课程设计（知识）基础

（1）实时洪水预报。

（2）误差修正技术。

三、课程设计方法步骤

（1）资料收集与整理。收集某流域（至少有几个水文站）的水文资料，包括：

1）1/5 万～1/20 万地形图。上面标明各水文站、雨量站的具体位置。在图上画出各水文站的分水岭。

2）量出各水文站的控制面积并与年鉴对比，如误差小于 5％，可采用年鉴数据。

3）将河道划分为子河段，每个子河段的汇流时间 K 应近似等于 Δt。

4）量出各子河段的区间面积。

5）选择洪水年份。

6）选择次洪水过程 10～20 场，并建立相应的数据文件。

7）搜集地形、地质、土壤、植被等资料。

（2）分析降雨与径流特性，确定产流方式，选择产流模型。

（3）选择 D 模型软件。

（4）进行初始化。D 模型软件主要有以下功能：初始化、率定、检验、定时预报、估报、调度。

在以下情况需要进行初始化：

1）每次修改参数后都要进行初始化，否则正在运行的程序并不知道。

2）不同的次洪水，具有不同的初始值，因而要进行初始化。

初始化主要输入以下内容：土壤含水量、地下水占河道中水流的比例。

（5）参数率定。初始化之后，可以进行参数率定。主要输入项目名称，如 XAJ。然后输入洪号或次洪水。最后输入时段数即可。

率定之后显示每个水文站的计算与实测流量过程线。根据误差情况确定调整何参数以及调整的方向，并记录在案。

经过几场洪水，可大致发现存在的系统误差，然后调整参数，直至率定较好。

实时修正参数已由自动控制专业人员调整到位，学生无须再调整。

（6）模型检验。选择检验功能，类似于率定，但增加了两项要求：①输入检验时刻，即在什么时候进行检验；②预见期。

检验完毕，显示各水文站的检验结构，一般而言，由于进行了实时修正，检验结果会明显好于率定结果。如果改善不明显，可能原因如下：

1）检验时刻选得不对。一般在主要降雨结束之后进行检验，检验时刻之后的降雨都不考虑。

2）某个水文站控制范围内的雨量站太少，雨量误差太大。这要看它对要求的预报断面有多大影响。通常上游水文站的误差对下游预报断面在预见期内的影响不大。如影响较大，可考虑增加雨量站。

（7）定时预报。定时预报就是每次在固定的时刻自动进行预报，这是在测报系统里的工作方式。由于各个系统具有不同的用户数据库，具有不同的用户表定义，因此需要添加不同的接口软件。因此在课程设计中无法使用，但定时预报的精度与检验是一致的。

（8）估报。由于定时预报不考虑预见期的降雨，如果具有预见期内的预报降雨量（由天气预报），可使用估报功能。估报可在任何时刻进行。输入估计降雨历时以及在此历时内各雨量站的降雨量即可。估报结果与定时预报形式上一致，但估报结果不存储在数据库中。

（9）调度。由于各个水库的闸门、隧洞、发电机类型千差万别，不可能预先设定，因此调度部分要临时增加。D模型软件已留有接口，可方便地添加各个水库的调度方案（单库），用户可随时进行防洪调度。

（10）编写课程设计报告。学生在完成率定检验后，可以编写课程设计报告，主要内容如下：

1）编写自然地理情况：气象、降雨、蒸发、径流、土壤、植被、地形、地貌和人类活动等。

2）流域水文站网：流域内雨量站、水位站、水文站的数量、位置、历史变迁、观测项目等。

3）选择水文年份。选择哪些水文年份的洪水资料及选取的理由。

4）实时洪水预报模型原理。

5）模型参数。

6）率定结果。

7）检验结果。

8）问题分析

9）感想与建议。

四、注意事项

（1）每次修改参数后需要对D模型软件进行初始化。

（2）注意检验时刻的选择。一般在主要降雨结束之后进行检验，检验时刻之后的降雨都不考虑。

五、思考题

（1）什么是实时洪水预报？

（2）为什么要进行误差修正？实时洪水预报误差修正的方法有哪些？

（3）简述实时洪水预报系统的功能。

（4）实时洪水预报时，面临时刻可获得的信息有哪些？

第三章

水资源评价/管理（利用）课程设计

第一节 降水量的分析计算

一、课程设计目的

从单站和区域两个方面，掌握面平均降水量的计算、降水量统计参数的确定及区域降水量时空分布的分析。

二、课程设计（知识）基础

降水资料的收集与插补展延方法，资料可靠性、一致性审查及代表性分析相关知识。

三、课程设计方法步骤

1. 面平均降水量的计算

根据评价区域内地形起伏条件、雨量站密度及是否均匀等条件选择适宜的方法计算。

（1）区域地形起伏不大，区域内站网密度大且分布均匀——算数平均法。以评价区域内各站降水量的算数平均值作为评价区域的面降水量，计算公式为

$$\overline{x} = \frac{1}{n}(x_1 + x_2 + \cdots + x_n) = \frac{1}{n}\sum_{i=1}^{n} x_i$$

$$(3-1)$$

式中：$\overline{x}$ 为评价区域的面平均降水量，mm；n 为测站数；x_i 为第 i 个雨量站的降水量，mm。

（2）区域地形起伏不大，区域内雨量站分布不均——泰森多边形法（图 3-1）。首先，在地形图上将各雨量站（包括对本区域雨量起一定控制作用

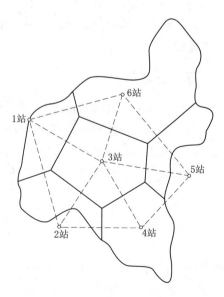

图 3-1 泰森多边形示意图

的非本区域雨量站）就近连接成三角形，尽量为锐角三角形。然后，对每个三角形各边作垂直平分线，所有垂直平分线与区域边界构成以每个站为核心的多边形。用求积仪量算每个测站的控制面积 a_i（km^2），该值与区域总面积的比就是该站的权重 f_i。则区域面平均雨量的计算公式为

$$\bar{x} = f_1 x_1 + f_2 x_2 + \cdots + f_n x_n = \sum_{i=1}^{n} f_i x_i \qquad (3-2)$$

（3）区域地形变化大，区域内雨量站较多，能够绘制等雨量线图——等雨量线法。先用求积仪量算各相邻等雨量线间的面积 a_i，区域平均降水量计算公式为

$$\bar{x} = \frac{a_1}{A} x_1 + \frac{a_2}{A} x_2 + \cdots + \frac{a_n}{A} x_n = \sum_{i=1}^{n} \frac{a_i}{A} x_i \qquad (3-3)$$

式中：x_i 为各相邻雨量线间的雨量平均值，mm；A 为区域总面积。

2. 降水量统计参数的确定

统计参数一般包括多年平均降水量 $\bar{x}$、变差系数 C_v 和偏态系数 C_s。当降水资料系列较长时，我国普遍采用图解适线法确定统计参数。$\bar{x}$ 一律采用算数平均值，C_v 值先用矩法计算，再用适线法调整确定，我国大部分区域 C_s/C_v 取 2.0，视情况可调整。经验频率计算采用数学期望公式，应用皮尔逊-Ⅲ型频率曲线适线。

当统计参数确定以后，可以由下式计算出不同频率的流域年降水量

$$x_P = (1 + \Phi_P C_v)\bar{x} = K_P \bar{x} \qquad (3-4)$$

式中：x_P 为相应于频率 P 的年降水量，mm；Φ_P、K_P 为相应于频率 P 的离均系数和模比系数。

3. 区域降水量的计算

当评价区域面积较大时，可将该区域按行政分区、水资源分区等再分为若干分区，分别计算分区和全区域多年平均及不同频率年降水量。

（1）计算各分区多年平均及不同频率年降水量。将各分区界线标绘在评价区域年降水量均值和 C_v 值等值线图上，用求积仪量算各分区所包围的等值线间的面积，采用面积加权法计算出各分区的年降水量多年平均值，并确定分区面积重心处的 C_v 值和 C_s/C_v 值，然后就可计算各种频率的年降水量（mm），再乘以相应各分区的面积（km^2）即可得各分区以亿 m^3 表示的不同频率年降水量。

（2）计算全区域多年平均及不同频率年降水量。全区域多年平均年降水量等于各分区多年平均年降水量之和。计算全区域不同频率的年降水量需首先推求全区域年降水量系列，经频率计算后方得全区域不同频率的年降水量。

四、注意事项

（1）在 C_s/C_v 取 2.0 确实拟合不好的区域，可以调整取值，但应进行固定倍比适线调整和检验。

（2）年降水量统计参数的合理性分析主要通过对比分析进行。若参数结果能够通过与一般规律的对比分析，或与邻近站的成果对比分析，可以间接地判断计算成果合理、

可靠。

五、思考题

（1）归纳整理 3 种面平均降水量计算方法的适用条件。

（2）比较分析 3 种面平均降水量计算方法的优缺点。

（3）尝试描述多年平均降水量等值线图的勾绘步骤。

第二节　地表水资源量的评价

一、课程设计目的

根据区域的气候及下垫面条件，综合考虑气象、水文站点的分布，实测资料年限与质量等情况，采用适宜的方法计算区域地表水资源量。

二、课程设计（知识）基础

基本资料的收集与审查，径流资料的还原计算方法及河川径流量的分析计算。

三、课程设计方法步骤

1. 基本资料收集

在地表水资源量的分析评价中，主要收集以下几方面的资料：

（1）区域社会经济资料。评价区域人口、耕地面积、作物组成、耕作制度、工农业产值以及工农业与生活的用水情况，主要通过省、市、县的统计年鉴和国民经济发展计划获得。

（2）评价分区的自然地理特征资料。评价区域的地理位置、地形、地貌、土壤、植被、气候、土地利用情况以及流域面积、形状、水系、河流长度、湖泊分布等特征资料。

（3）水文气象资料。包括评价区域和邻近区域的水文站网分布，各测站实测的水位（潮水位）、流量、水温、冰情及洪、枯水调查考证等资料，应尽量收集水文部门正式刊布的资料。

（4）水资源开发利用资料。评价区域和邻近区域在建的蓄、引、提水工程，堤防、分洪、蓄滞洪工程，水土保持工程及决口、溃坝等资料。对农业用水比重大的区域，还要收集灌溉面积、灌溉定额、渠系有效利用系数、田间回归系数等资料。

（5）以往水文、水资源分析计算和研究成果。包括以往省级、市县级水资源调查评价、水资源综合规划、灌区规划、城市应急供水规划、跨流域调水规划以及水文图集、水文手册、水文特征值统计等。

2. 代表站法计算逐年及多年平均年径流量

在评价区域内，选择一个或几个基本能够控制全区、实测径流资料系列较长并具有足够精度的代表站，从径流形成条件的相似性出发，把代表站的年净流量按面积比或综合修正的方法移用到评价流域范围内，从而推算区域多年平均及不同频率的年径流量，这种方法称为代表站法。

如评价区域与代表流域的面积相差不大，且自然地理条件相近，则可认为评价区域与代表流域的平均径流深是一致的，即 $R_{评}=R_{代}$，则

$$W_{评}=\frac{F_{评}}{F_{代}}W_{代} \tag{3-5}$$

式中：$W_{代}$ 为代表站的年径流量，m^3；$F_{代}$ 为代表站集水面积，km^2；$W_{评}$ 为评价区域的年径流量，m^3；$F_{评}$ 为评价区域集水面积，km^2。

根据式（3-5）推求评价区域逐年径流量时，根据代表站数量及其自然地理等情况采取不同的路径。

（1）当区域内可选择一个代表站时。

1）若该代表站基本能够控制全区域，且上下游产水条件差别不大时，可根据代表站逐年天然年径流量 $W_{代}$，已知代表站集水面积 $F_{代}$，量算评价区域集水面积 $F_{评}$，代入式（3-5）即可求得全区域相应的逐年径流量。

2）若该代表站不能控制全区域大部分面积，或上下游产水条件有较大差别时，应采用与评价区域产水条件相近的部分代表流域的径流量及面积推算全区逐年径流量。

（2）当区域内可选择两个及两个以上代表站时。

1）若评价区域内气候及下垫面条件差别较大，则可按气候、地形、地貌等条件，将全区划分为两个及两个以上评价区域，每个评价区域均按式（3-6）计算区域逐年径流量，相加后得全区域相应的年径流量。

$$W_{评}=\frac{F_{评1}}{F_{代1}}W_{代1}+\frac{F_{评2}}{F_{代2}}W_{代2}+\cdots+\frac{F_{评n}}{F_{代n}}W_{代n} \tag{3-6}$$

式中：$W_{代i}$ 为第 i（$i=1,2,\cdots,n$）个代表站的年径流量，m^3；$F_{代i}$ 为第 i 个代表站集水面积，km^2；$W_{评}$ 为评价流域（或区域）的年径流量，m^3；$F_{评i}$ 为第 i 个评价区域集水面积，km^2。

2）若评价区域内气候及下垫面条件差别不大，仍可将全区作为一个区域看待，其逐年径流量按下式推求

$$W_{评}=\frac{F_{评}}{F_{代1}+F_{代2}+\cdots+F_{代n}}(W_{代1}+W_{代2}+\cdots+W_{代n}) \tag{3-7}$$

（3）当评价区域与代表流域的自然地理条件差别过大时。此时，两区域产水条件势必存在明显差异，一般不宜采用简单的面积比法计算全区域年径流量，而应选择能够较好地反映产水强度的若干指标，对全区域年径流量进行修正计算。

1）用区域平均年降水量修正。在面积比方法的基础上，考虑评价区域与代表流域降水的差别，其全区域逐年径流量的计算公式为

$$W_{评}=\frac{F_{评}\overline{P}_{评}}{F_{代}\overline{P}_{代}}W_{代} \tag{3-8}$$

式中：$\overline{P}_{评}$、$\overline{P}_{代}$ 为评价区域和代表流域的区域平均年降水量，mm。

2）用多年平均年径流深修正。公式如下：

$$W_{评} = \frac{F_{评}\bar{R}_{评}}{F_{代}\bar{R}_{代}} W_{代} \tag{3-9}$$

式中：$\bar{R}_{评}$、$\bar{R}_{代}$为评价区域和代表流域的多年平均年径流深，mm，一般可由平均年径流深等值线量算。

（4）当评价区域内实测年降水、年径流资料都很缺乏时。可直接借用与该区域自然地理条件相似的代表流域的年径流深系列，乘以评价区域与代表流域多年平均年径流深的比值，再乘以评价区域面积得逐年年降水量，其算数平均值即为多年平均年径流量。

3. 代表站法计算区域不同频率年径流量

用代表站法求得的评价区域逐年径流量构成区域的年径流系列，在此基础上进行频率分析计算，即可推求评价区域不同频率的年径流量。

四、注意事项

进行多年平均年径流深修正时，对某些年份的全区域径流量有时影响很大，给全区域年径流系列及不同频率年径流量的计算带来一定的误差。

五、思考题

（1）分析用区域平均年降水量修正与用多年平均年径流深修正两者的优缺点。

（2）试述径流资料的审查内容及过程。

第三节　水资源总量计算

一、课程设计目的

针对不同区域，选择合适方法计算不同区域的水资源总量，为区域水资源的合理规划配置提供重要基础数据。

二、课程设计（知识）基础

掌握地表水资源和地下水资源评价方法基础上，理解地表水和地下水交换量的过程，计算水资源总量。水资源总量包括多年平均水资源总量、不同频率水资源总量。

三、课程设计方法步骤

区域水资源总量是指当地降水形成的地表和地下水的产水量。现行的水资源评价，只考虑与工程措施有关的地表水和地下水，用河川径流量与地下水量之和扣除重复水量后作为区域水资源总量，可按下式计算：

$$W = R + Q - D \tag{3-10}$$

式中：W为水资源总量；R为地表水资源量；Q为地下水资源量；D为地表水和地下水相互转化的重复计算量。

在不同地区，水资源总量计算略有差异。

1. 单一平原区

对单一平原区，水资源总量按下式计算：

$$W = R_p + Q_p - (Q_s + Q_k + R_{gp}) \qquad (3-11)$$

式中：W 为水资源总量；R_p 为平原区河川径流量；Q_p 为平原区地下水资源量；Q_s 为平原区地表水体渗漏补给地下水的量；Q_k 为地下水侧渗流入补给量；R_{gp} 为平原区降水形成的河川基流量。

2. 单一山丘区

对单一山丘区，水资源总量按下式计算：

$$W = R_m + Q_m - R_{gm} \qquad (3-12)$$

式中：R_m 为山丘区河川径流量；Q_m 为山丘区地下水资源量；R_{gm} 为山丘区河川基流量。

对于基流量占地下水资源量比重比较大的地区，可以以河川基流量近似作为地下水资源量，以河川多年平均径流量作为山丘区水资源总量。

3. 多种地貌类型的混合区（上游山丘、下游平原区的混合区）

对上游山区、下游平原区的混合区域，水资源总量按下式计算：

$$W = R + Q - \left[R_{gm} + R_{gp} + Q_s \left(1 - \frac{R_{gm}}{R_m}\right) \right] \qquad (3-13)$$

式中：W 为混合区水资源总量；R 为全区河川径流量；Q 为全区地下水资源量；R_{gm} 为山丘区河川基流量；R_{gp} 为平原区降水形成的河川基流量；Q_s 为地表水对平原区地下水的补给量；R_m 为山丘区河川径流量。

四、注意事项

水资源总量包含多年平均水资源总量和不同保证频率的水资源总量。利用组成地表、地下水资源的各分项水量及组成水资源总量的分项水量推求区域不同保证频率水资源总量时，不能采用相应统一保证频率的各分项水量相加的方法（简称同频率相加法）。同频率相加法推求的水资源总量与相应频率的实际水资源总量往往不等，这是因为整个研究区内，水资源的总量不可能同时出现同一频率的偏丰、偏枯状况，这存在整体概率与部分概率的组合问题。设计区域不同频率水资源总量计算的正确途径是按地貌类型区采用相应的水资源总量计算公式，依据区域内逐年的各分项水量，先求出逐年的水资源总量，然后对水资源总量系列进行频率分析，推求多年平均和不同保证频率的水资源总量。

五、思考题

（1）试从区域水循环角度解释水资源总量的概念。

（2）不同地貌类型地区的水资源总量计算有何区别？

（3）在水资源总量计算中为什么要进行水量平衡分析？

第四节　流域水资源可利用量

一、课程设计目的

掌握地表水资源可利用量、地下水资源可开采量的计算方法，能够计算水资源可利用总量。

二、课程设计（知识）基础

水资源总量的定义及组成、计算等相关知识。

三、课程设计方法步骤

水资源可利用量的较规范定义为：在可预见的时期内，在统筹考虑河道内生态环境和其他用水的基础上，通过经济合理、技术可行的措施，可供河道外生活、生产、生态用水的一次性最大水量（不包括回归水的重复利用）。

（一）地表水资源可利用量估算

扣损法是计算地表水资源可利用量的较为传统的方法，即以流域总的地表水资源量为基础，扣除河道内生态环境需水量、生产需水量、跨流域调水量以及汛期难以控制利用的洪水量，得到整个流域的地表水资源可利用量，计算中需考虑的各项如图 3-2 所示。

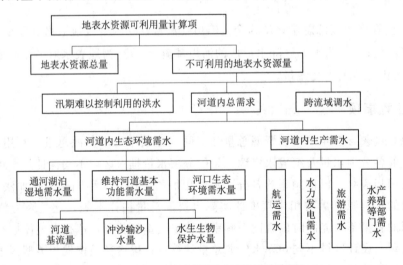

图 3-2　地表水资源可利用量计算项

1. 河道内总需水量

河道内总需水量包括河道内生态环境需水量和河道内生产需水量，逐月取外包值并将每月的外包值相加，由此得出多年平均情况下的河道内总需水量。

2. 汛期难以控制利用的洪水量

汛期难以控制利用的洪水量是指在可预见的时期内，不能被工程措施控制利用的汛期洪水量，根据流域最下游控制节点以上的调蓄能力和耗用程度综合分析计算。将流域控制站汛期的天然径流量减去流域能够调蓄和耗用的最大水量，剩余的水量即为汛期难以控制利用的下泄洪水量。

3. 地表水资源可利用量

多年平均情况下地表水资源量可用下式表示：

$$W_{地表水资源可利用量} = W_{地表水资源量} - W_{河道内需水量外包} - W_{洪水弃水} - W_{跨流域调水} \quad (3-14)$$

扣损法在计算过程中，地表水资源总量是一个已知数，而不可利用的水资源量则根据流域多年天然径流资料分项计算，取其多年平均值。

（二）地下水资源允许开采量计算

允许开采量是指在经济合理、技术可行的条件下，不引起水质恶化和水位持续下降等不良后果时开采的浅层地下水量。

1. 水均衡法

对于均衡区含水层建立水均衡方程式。

潜水：

$$Q_补 - Q_消 = \pm \mu F \frac{\Delta h}{\Delta t} \quad (3-15)$$

承压水：

$$Q_补 - Q_消 = \pm \mu_c F \frac{\Delta H}{\Delta t} \quad (3-16)$$

式中：$Q_补$ 为各种补给的总量，m^3/a；$Q_消$ 为各种消耗的总量，m^3/a；μ 为给水度；μ_c 为弹性释水（储水）系数；F 为均衡区的面积，m^3；Δh 为均衡期 Δt 内的潜水位变化，m；ΔH 为均衡期 Δt 内承压水头的变化，m；Δt 为均衡期，a。

开采状态下的水均衡方程式为

$$(Q_补 + \Delta Q_补) - (Q_消 - \Delta Q_消) - Q_开 = -\mu F \frac{\Delta h}{\Delta t} \quad (3-17)$$

式中：$Q_补$ 为开采前的天然补给总量，m^3/a；$\Delta Q_补$ 为开采时的补给总增量，m^3/a；$Q_消$ 为开采前的天然消耗总量，m^3/a；$\Delta Q_消$ 为开采时天然消耗量的减少量总值，m^3/a；$Q_开$ 为人工开采量，m^3/a；μ 为含水层的给水度；F 为开采时引起水位下降的面积；Δh 为在 Δt 时段开采影响范围内的平均水位下降值，m；Δt 为开采时段，a。

由于开采前的天然补给总量与消耗总量在一个周期内是接近相等的，即 $Q_补 \approx Q_消$，则式（3-17）可简化为

$$Q_开 = \Delta Q_补 + \Delta Q_消 + \mu F \frac{\Delta h}{\Delta t} \quad (3-18)$$

即开采量为增加的总补给量、减少的消耗总量及可动用的储存量之和。则合理的消耗型开采动态下允许开采量的计算公式可以表示为

$$Q_{允开} = \Delta Q_{允补} + \Delta Q_{允消} + \mu F \frac{s_{max}}{\Delta t} \quad (3-19)$$

式中：s_{max} 为最大允许降深。

不消耗永久储存量的稳定型开采动态下允许开采量公式为

$$Q_{允开} = \Delta Q_{允补} + \Delta Q_{允消} \quad (3-20)$$

2. 可开采系数法

$$Q_{可采} = \rho Q_{总} \tag{3-21}$$

式中：$Q_{可采}$ 为地下水年可开采量，万 m^3/a；ρ 为可开采系数；$Q_{总}$ 为开采条件下的年总补给量，万 m^3/a。

3. 开采试验法

在按开采条件或接近开采条件进行抽水试验时，一般从旱季开始，延续 1 个月至数月，从抽水开始到水位恢复进行全面观测。

$$Q_{抽} = Q_{补} + \mu F \frac{\Delta s}{\Delta t} \tag{3-22}$$

式中：$Q_{抽}$ 为平均抽水量，m^3/d；$Q_{补}$ 为开采条件下的补给量，m^3/d；μF 为水位下降 1m 时储存量的减少量，简称单位储存量，m^3；Δs 为 Δt 时段的水位降深，m；Δt 为水位持续下降的时间，d。

根据求得的 $Q_{补}$，结合水文地质条件和需水量即可评价开采量。

（三）计算水资源可利用总量

水资源可利用总量为地表水可利用量（已扣除重复量）与地下水可利用量之和。

四、注意事项

因为旱季抽水只能确定一年中最小的补给量，因此开采试验法所求得的开采条件下的补给量偏于保守。在开采过程中还应继续观测，逐步采用年平均补给量来进行评价。

五、思考题

（1）影响汛期难以控制利用洪水量的因素有哪些？

（2）三种地下水资源允许开采量计算方法分别适用于什么条件？

（3）简述三种地下水资源允许开采量计算方法的优缺点。

第五节　水资源需求计算

一、课程设计目的

需水量是指满足一个地区工业、农业、生活、生态发展等所需要的水资源量，包括工业需水量、灌溉用水量、生态需水量、居民生活用水量、建筑业和第三产业需水量等。进行需水量计算能够为灌溉工程、城镇供水工程、跨流域调水工程以及综合利用水库工程等提供重要的水利计算基础资料，是协调不同用水部门、不同时段间供需矛盾的重要依据。

二、课程设计（知识）基础

不同需求、不同用户的用水方式、数量与过程都存在较大差异，因此，在进行需水量计算之前，要清楚不同需求、不同用户的用水特点。同时，还需要对水文计算、水均衡理论、水量估算和测定方法以及灌溉用水、水域生态系统相关的基本概念有一定的了解。

三、课程设计方法步骤

(一) 工业需水量的计算

工业用水一般是指工、矿企业在生产过程中，用于制造、加工、冷却、空调、净化、洗涤等方面的用水。工业用水是城镇用水的重要组成部分，其用水量大小受工业发展规模及速度、工业结构、工业生产水平、节约用水程度、供水条件和水资源条件等多种因素影响，且与生产工艺、气候条件等有关。

开展工业用水调查是获取用水资料的重要手段，通过工业用水调查不仅可以了解工业用水一般情况，还能明确研究区工业用水水平及节水潜力，为确定工业需水量提供了保证。在获取工业用水调查资料后，便可以进行调查数据的分析计算。

1. 工业用水水平衡

一个地区、一个工厂乃至一个车间的每台用水设备，在用水过程中水量收支保持平衡。即一个用水单元的总用水量，与消耗水量、排出水量和重复利用水量相平衡。

$$Q_{总} = Q_{耗} + Q_{排} + Q_{重} \tag{3-23}$$

式中：$Q_{总}$ 为总用水量，在设备和工艺流程不变时为定值；$Q_{耗}$ 为耗水量；$Q_{排}$ 为排水量；$Q_{重}$ 为重复用水量。

在水利工程水利计算中，对于工业用水的计算与预测，必须区分水平衡中不同水量的含义，式 (3-23) 中的总用水量与通常所说的用水量含义上有所不同，通常所说的用水量指取用水量 (或称补充水量)，取用水量是城镇供水工程水利计算的基础。而总用水量为补充水量和重复用水量之和，即

$$Q_{总} = Q_{补} + Q_{重} \tag{3-24}$$

从式 (3-24) 可以看出，只有当 $Q_{重} = 0$ 时，总用水量才等于补充水量。在一个单元的用水过程中，若提高水的重复利用量，可使补充水量减少。由式 (3-23) 和式 (3-24) 可得

$$Q_{补} = Q_{耗} + Q_{排} \tag{3-25}$$

在设备和工艺流程不变的情况下，$Q_{耗}$ 值比较稳定，一般情况下只占总用水量的 2%～5%，但诸如饮料、酿造等行业，产品中带走了一定数量的水量，$Q_{耗}$ 就比较高。

2. 工业用水水平度量指标

一般通过以下指标衡量一个地区的用水水平。

(1) 重复利用率 η。重复利用率为重复用水量占总用水量的百分比。

$$\eta = Q_{重} / Q_{总} \times 100\% \tag{3-26}$$

(2) 排水率 P。排水率为排水量占总用水量的百分比。

$$P = Q_{排} / Q_{总} \times 100\% \tag{3-27}$$

(3) 耗水率 r。耗水率为耗水量占总用水量的百分比。

$$r = Q_{耗} / Q_{总} \times 100\% \tag{3-28}$$

上述三个指标是考核工业用水水平和水平衡计算的重要指标，也是地区用水规划和工业用水预测的依据之一，且有

$$\eta + P + r = 100\% \tag{3-29}$$

3．工业用水的分项测定和计算

不同行业的工业用水定额，是计算工业用水量的关键指标，下面介绍几种简易的量测设施和简便测定方法。

（1）用水量测定。水表计量是最好的测定用水量方法，对于无水表的工厂，可以利用工厂的现有量水设备，用简便方法测定用水量。

1）利用水池、水塔储水设备测定用水量。在正常生产条件下，充满水池（或水塔）。蓄满后，停止水泵运行，测定水池（或水塔）水位下降的速度，则单位时间内的用水量为

$$Q = BV \qquad (3-30)$$

式中：B 为水塔或水池的截面积；V 为水位下降的速度。

2）利用生产设备测定。有些工业生产部门具有水槽、桶等设备，可用其测定用水量。一般有两种测定法：将槽、桶排水口临时堵塞，测定槽内水面上升的速度；或者将补充槽、桶的进水管关闭，测定槽内水面下降速度。

$$Q = VB \qquad (3-31)$$

式中：V 为水面上升或下降的速度；B 为水面的面积（为水槽、桶的截面积）。

（2）排水量测定。在不具备流速仪测流条件时，测定工厂的排水量，可采用以下简便方法。

1）三角堰测定法。在排水明渠或排水管出口处的明渠段，安装三角量水堰，测定排水量。三角堰流量计算公式为

$$Q = Ch^{\frac{5}{2}} \qquad (3-32)$$

式中　Q 为过堰流量，L/s；h 为过堰水深，cm；C 为随 h 变化的系数，可由表 3-1 查得。

表 3-1　　　　　　　　　　　　　系 数 C 取 值 表

h/cm	C	h/cm	C
<5.0	0.0142	15.1~20.0	0.0139
5.1~10.0	0.0141	20.1~25.0	0.0138
10.1~15.0	0.0140	25.1~30.0	0.0137

三角堰测流有一定的适用条件，在一些计算手册中已编制成表格，可以直接参考。

2）浮标测定法。当工厂排水系统为地下暗管或集水廊道式排水，可采用浮标测定排水量。选取排水道的直线段，量测两个检查井的距离 S，在上一检查井中投入浮标，计时测定至下一检查井浮标出现时间 t，则水流速度为

$$V = S/t \qquad (3-33)$$

排水量为

$$Q_{排} = VB \qquad (3-34)$$

式中：B 为排水廊道过水断面面积；V 为水流速度。

为消除测定偶然误差，一般浮标测定要连续测 2~3 次，分析确定测定值。

（3）耗水量的测定与计算。耗水量主要包括以下 3 个方面：

1）生产过程中蒸发水量。蒸发损失量可以通过试验和计算求得，以冷却塔的循环冷

却水的蒸发损失计算为例，可以分为水沫损失和蒸发损失。水沫损失与通风冷却形式有关，据试验资料，喷雾泵损失水量为 1.5%～5%，自然通风式损失水量为 0.3%～1.0%，强制通风式损失水量为 0.1%～0.3%。蒸发损失与降温冷却幅度有关，可用热力学公式计算求得。

2）生产过程中渗漏水量。渗漏损失水量，可以进行实测。测定时间可选在厂休日，将最末级阀关闭，其他各级阀门全部打开，测定其水量变化，即为渗漏损失水量。

3）被产品带走的水量。产品携带水量，可通过设计资料和查阅有关资料估算。

（二）灌溉用水量的计算

灌溉用水量即灌区从水源引入的用于灌溉的水量，又称毛灌溉用水量。灌溉用水量包括作物正常生长所需灌溉的水量、渠系输水损失水量和田间灌水损失水量。作物正常生长所需灌溉的水量称为净灌溉用水量，又称有效灌溉水量。在特定条件下，净灌溉用水量还包括为改善作物生态环境（如防霜冻、湿润空气、洗盐、调节土温、喷洒农药等）所需用的水量。灌溉用水量是灌溉工程及灌区规划、设计和管理中不可缺少的数据，灌溉用水量的计算主要包括作物田间需水量计算、作物田间耗水量计算、作物灌溉用水量计算以及灌区综合灌溉用水过程计算等步骤。

1. 作物田间需水量计算

灌溉用水计算中常遇到一些极易混淆的基本概念，这些概念可能导致计算上的错误，需要明确。

（1）作物需水量。作物在生长期中主要消耗于维持正常生长的生理用水量称为作物需水量，它包括叶面蒸腾和棵间（土壤或水面）蒸发两个部分，这两部分合在一起简称腾发量。

（2）作物田间耗水量。对于旱作物，其田间耗水量为作物需水量和土壤深层渗漏量之和；而对于水稻田来说，除水稻需水量和水田渗漏量外，还应包括秧田用水和泡田用水量。

（3）田间灌溉用水量。除有效降雨之外，需由灌溉工程提供的水量称为田间灌溉用水量，简称灌溉用水量。灌溉用水量即为灌溉工程的净供水量。

（4）灌溉面积。一般指由灌溉工程供水的耕地面积。灌溉面积上灌溉用水量的大小与灌溉标准、土壤气象条件、作物种类、播种面积等因素有关。

灌溉用水量可以采用深度（mm）、体积（m³）、流量（m³/s）等单位，其中深度与单位面积上的体积（m³/hm²）之间的关系如下：

$$1m^3/hm^2 = 0.1mm$$

采用深度单位时，必须将各种作物灌溉用水量化成同一面积的深度（如化为总耕地面积上的深度），否则不能直接进行加、减等代数运算。

由大量灌溉试验资料可以看出，作物田间需水量的大小与气象（温度、日照、湿度、风速）、土壤含水状况、作物种类及其生长发育阶段、农业技术措施、灌溉接水方式等有关。这些因素对需水量的影响相互关联，错综复杂。因此，目前尚不能从理论上对作物田间需水量进行精确计算。在生产实践中，一方面通过建立试验站，直接测定某些点上的作物田间需水量；另一方面可根据试验资料采用某些估算方法来确定作物田间需水量。

现有估算方法大体可归纳为两类：一类方法是建立作物田间需水量与其影响因素之间的经验关系，即经验公式法，包括以水面蒸发为参数的需水系数法（简称"α 值法"）、以气温为参数的需水系数法（简称"β 值法"）、以多种因素为参数的公式法等；另一类方法是根据能量平衡原理，推求作物田间腾发消耗的能量，再由能量换算为相应作物的田间需水量，即能量平衡法，该方法在欧美一些国家采用较多。下面简单介绍一下经验公式法中的 α 值法。

国内外大量灌溉试验资料表明，水面蒸发量能综合地反映各项气象因素的变化。作物田间需水量与水面蒸发量之间存在一定关系，并可用下列线性公式表示

$$E = \alpha E_0 + b \tag{3-35}$$

式中：E 为某时段内（或全生育期）的作物田间需水量，mm；E_0 为同期水面蒸发量，mm，一般采用 E601 蒸发皿的蒸发值；α 为需水系数，根据试验资料分析确定；b 为经验常数，mm，根据试验资料分析确定，有时可取 $b=0$。

α 值法只要求具有水面蒸发量资料，即可计算作物田间需水量。由于水面蒸发资料比较容易获得，所以它为我国水稻产区广泛采用。但该法中未考虑非气象因素（如土壤、水文地质、农业技术措施、水利措施等），因而在使用时应注意分析这些因素对 α 值的影响。

2. 作物田间耗水量计算

灌区综合用水过程是指为保证灌区各种作物正常发育生长需要从外界引入田间的综合灌水过程。综合用水过程的主要包括：单种作物田间耗水量计算、单种作物田间灌水量计算以及灌区各种作物综合灌溉用水过程计算。旱作物和水稻田作物田间耗水量可分别用下式计算。

旱作物：田间耗水量＝作物需水量＋土壤深层渗漏量

水稻：田间耗水量＝作物需水量＋水田渗漏量＋育秧水＋泡田水

3. 作物灌溉用水量计算

进行作物灌溉用水量计算时，也需要区分作物种类。以水稻为例，水稻田水量平衡方程为

$$h_2 = h_1 + P + m - E - C \tag{3-36}$$

式中：h_1 为时段初田面水层深度，mm；h_2 为时段末田面水层深度，mm；P 为时段内降雨量，mm；m 为时段内灌水量，mm；E 为时段内田间耗水量，mm；C 为时段内排水量，mm。

根据水稻田间耗水过程、降雨过程，通过上述水量平衡方程计算，可以求得灌溉用水量。

4. 灌区综合灌溉用水过程计算

对某一灌区而言，首先需选择适宜的作物种类，并确定各种作物的种植面积，然后计算各单种作物所需灌溉用水量，最后将各种作物按种植面积汇总到一起，编制和调整全灌区的综合灌溉用水过程。

（三）生态需水量的计算

广义上讲，生态环境需水量指的是维持全球生物地理生态系统水分平衡所需要的水量，包括水热平衡、生物平衡、水沙平衡、水盐平衡的需水量等。下述生态环境用水是指

为维持生态与环境功能和进行生态环境建设所需要的最小需水量。按照美化生态环境和修复生态环境的要求，可分为河道内生态环境用水、河道外生态环境用水两大类。前者主要指维持河道及通河湖泊湿地基本功能和河口生态环境（包括冲淤保港等）的用水；后者又可分为美化城市景观建设和其他生态环境建设用水等。不同的生态环境需水量计算方法不同，下面简单介绍植被型生态环境需水和湖泊、湿地、城镇河湖及鱼塘补水的计算步骤及方法。

1. 植被型生态环境需水

城镇绿化用水、防护林草用水等以植被需水为主体，植被型生态环境需水量可采用定额计算和预测方法，即根据城镇绿化或植被面积与相应的灌溉定额进行计算，灌溉定额的拟定应根据不同区域的典型植被类型的耗水特征，结合降雨补给土壤的实际量等进行。

采用定额法，即按下式计算

$$W_G = S_G q_G \tag{3-37}$$

式中：W_G 为绿地生态需水量，m^3；S_G 为绿地面积，hm^2；q_G 为绿地灌溉定额，m^3/hm^2。

2. 湖泊、湿地、城镇河湖及鱼塘补水

湖泊、湿地、城镇河湖及鱼塘补水等，以规划水面面积的水面蒸发量与降水量之差计算，可以采用水量平衡法进行计算。

$$W_t = \omega(\alpha E_t + S_t - P_t) \tag{3-38}$$

式中：ω 为水面面积；E_t 为第 t 时段水面蒸发量，由水文气象部门蒸发皿测得；α 为蒸发皿折算系数（可根据附近水文气象部门资料确定）；P_t 为第 t 时段降雨量；S_t 为第 t 时段渗漏量（由调查、实测或经验数据估算）。

（四）居民生活用水计算

生活需水包括城镇居民生活用水和农村居民生活用水，居民生活用水计算采用额定法，即

$$W_{居} = nm \tag{3-39}$$

式中：$W_{居}$ 为居民生活用水量；m 为人均生活用水定额；n 为用水人数。

居民生活用水定额与各地水源条件、用水设备、生活习惯有关，城镇与农村也存在较大差别。

四、注意事项

多用途水库等其他蓄水工程的综合用水过程不能简单相加，需要根据兴利部门用水是否能够相互结合进行综合需水过程计算。

进行植被型生态环境需水量计算时，如果有多种绿化植物，可以仿照农作物灌溉需水量计算的方法详细计算。

五、思考题

（1）简述我国工业用水的特点。

（2）简述工业用水量的分析计算方法。

（3）为什么要保证生态用水？

第六节　水资源供需分析及合理配置

一、课程设计目的

了解供水水源类型，计算地表供水量与地下水可供水量，进行水资源供需平衡分析。

二、课程设计（知识）基础

了解水资源需水分类，计算需水量。

三、课程设计方法步骤

供水预测指不同规划水平年新增水源工程后（包括原有工程）达到的供水能力可提供的供水量，其中新增水源工程包括现有工程的挖潜配套、新建水源、污水处理回用、微咸水利用、海水利用以及雨水利用工程等。

1. 地表供水量计算

地表引提工程的供水量可用下式计算：

$$W_{供引提} = \sum_{i=1}^{t} \min(Q_i, H_i, X_i) \tag{3-40}$$

式中：Q_i 为第 i 时段取水口的可引流量，m^3；H_i 为第 i 时段工程的引提能力，m^3；X_i 为第 i 时段需水量，m^3；t 为计算时段数。

2. 地下水可供水量计算

地下水可供水量预测以补给量和可开采量为依据，分别计算地下水及微咸水的多年平均可利用量。根据实际现状开采量、地下水埋深的实际变化情况，估算出各个规划水平年的多年平均地下水可开采量。再结合各水平年的地下水井群兴建情况，得到相应的地下水可供水量。

地下水（微咸水）规划供水量以其相应水平年可开采量为极限，在地下水超采地区要逐步采取措施压缩开采量使其与可开采量接近，在规划中不应大于基准年的开采量；在未超采地区可以根据现有工程和新建工程的供水能力确定规划供水量。地下水可供水量可用下式计算：

$$W_{供地下} = \sum_{i=1}^{t} \min(Q_i, W_i, X_i) \tag{3-41}$$

式中：Q_i 为第 i 时段机井提水量，m^3；W_i 为第 i 时段当地地下水可开采量，m^3；X_i 为第 i 时段需水量，m^3。

3. 其他水源可供水量和总可供水量

污水处理回用量要结合城市规划和工业布局，分别计算出回用于工业和农业灌溉的数量及污水处理投资情况。对于雨水、微咸水及海水的利用，要说明其直接利用量及替代淡水的数量，并要分析计算相应的投资。跨省的大型调水工程的水资源配置，应由流域机构和上级水主管部门负责协调。

不同水平年各分区的总供水量为原有供水工程和新增水源工程中扣除供水工程之间相互调水后所能提供的总供水量。新增水源工程中挖潜配套所增加的供水量不能直接作为工作区总供水增加量，必须经过调解计算后扣除供水工程之间的相互调用水量方能与分区的其他供水量相加。

4. 水资源供需平衡计算

（1）水资源平衡计算区域划分。水资源平衡计算区域划分采用分流域分地区进行平衡计算。流域与行政区的方案和成果应相互协调，提出统一的供需分析结果和推荐方案。

（2）平衡计算时段的划分。计算时段可以采用月或者旬。一般采用长系列月调节计算方法，能够正确反映流域或区域水资源供需的特点和规律。

（3）平衡计算方法。

$$可供水量－需水量－损失的水量＝余（缺）水量$$

1）在供需平衡计算出现余水时，即可供水量大于缺水量时，如果蓄水工程尚未蓄满，余水可以在蓄水工程中滞留，把余水作为调蓄水量参加下一时段的供需平衡；如果蓄水工程已经蓄满，则余水可以作为下游计算分区的入境水量，参加下游分区的供需平衡计算；可以通过减少供水（增加需水）来实现平衡。

2）在供需平衡计算出现缺水时，即可供水量小于需水量时，要根据需水方反馈信息要求的供水增加量与需水调整的可能性与合理性，进行综合分析及合理调整。在条件允许的前提下，可以通过减少用水方用水量（通过增加节水工艺、节水器具等措施来实现），或者通过从外流域调水进行供需水的平衡。

总的原则是不留供需缺口。

四、注意事项

进行首次平衡计算时，考虑需水时要考虑到人口的自然增长速度、经济的发展、城市化进度和人民生活水平的提高程度等方面；考虑供水时要考虑到流域水资源开发利用现状和格局以及要充分发挥现有供水工程的潜力。

五、思考题

（1）估算现有工程供水量时应考虑与工程相关的哪些因素？

（2）供需平衡计算出现缺水时，除上述措施外，还可采取什么措施？

（3）若出现长期缺水，可能造成的后果有哪些？

第四章

水文统计学课程设计

第一节 水文频率计算

一、课程设计目的

水文频率计算的目的是要确定相应于给定设计频率 p 的设计值 x_p。为了推求设计值 x_p，通常必须解决好两个基本问题：首先，必须确定水文变量的概率分布模型，这在水文统计中称为线型选择；其次，估计所选线型中的未知参数，这在水文统计中称为参数估计。

在实际水文工作中，目前大多根据实测经验点据和频率曲线拟合的好坏选择线型。由于实际应用中评判拟合优劣的标准各异，所得结论往往相差较大。此外，该方法是根据有限观测资料对于点和线拟合好坏作出判断，而对于水文频率计算中关心的稀疏水文事件点据和线拟合优劣则难于作出判断，因此，该方法还是经验性的。

一般而言，选配线型应根据下列两条原则：①概率密度曲线的形状应大致符合水文现象的物理性质，曲线一端或两端应有限，不应出现负值；②概率密度函数的数学性质简单，计算方便，同时应有一定弹性，以便有广泛的适应性，但又不宜包含过多的参数。

课程设计要求了解不同线型的分布函数，并且掌握分布函数相应的参数估计方法，选择合适的模型对实际水文数据进行拟合。

二、课程设计（知识）基础

1. 几种理论分布的频率计算

（1）P-Ⅲ型分布。P-Ⅲ型分布的概率密度函数如下

$$f(x) = \frac{\beta^\alpha}{\Gamma(\alpha)}(x-a_0)^{\alpha-1}\mathrm{e}^{-\beta(x-a_0)}, \alpha>0, x>a_0$$

其中需要估计的参数有：α，β，a_0。其中，P-Ⅲ型分布的数字特征（如均值 E、方差 D、离势系数 C_v、偏态系数 C_s）的计算公式如下

$$E(X) = \frac{\alpha}{\beta} + a_0$$

$$D(X) = \sigma^2 = \frac{\alpha}{\beta^2}$$

$$C_v = \frac{\sqrt{\alpha}}{\alpha + \beta a_0}$$

$$C_s = \frac{2}{\sqrt{\alpha}}$$

（2）对数正态分布。若 $Y = \ln(X)$ 服从正态分布，则 X 服从对数正态分布，对数正态分布的概率密度曲线如下

$$f(x) = \frac{1}{(x-b)\sqrt{2\pi}\sigma_Y} e^{-\frac{|\ln(x-b) - a_Y|^2}{2\sigma_Y^2}}$$

其中需要估计的参数有 σ_Y、b 和 a_Y，参数估计需要进行对数正态分布的数字统计特征（期望、方差、变差系数、偏态系数）的计算。

（3）耿贝尔分布。耿贝尔（Gumbel）分布是指用一种有理论根据的频率曲线来计算"多年一遇"水文气象要素的常用方法，这种算法在西方有些国家得到较为广泛的应用。耿贝尔分布的概率密度函数如下

$$f(x) = \alpha e^{-\alpha(x-\mu) - e^{-\alpha(x-\mu)}}$$

其中需要估计的参数有 μ 和 α，同样利用矩法进行参数估计。

2. 参数估计的数理统计方法

随机变量的分布函数常常含有一些参数，在很多场合，即使不知道总体的分布函数，如果能知道它的数学期望、方差等数字特征，也就掌握了随机变量的主要统计特性。参数估计有适线法、权函数法和矩法等不同方法。由于水文系列长度短，且所需推求的是稀遇的设计值等，数理统计中传统估计方法的估计结果并不理想。因此，长期以来，国内外水文学者一直致力于研究符合水文特点的参数估计方法。目前这方面估计方法主要有适线法、权函数法、熵估计法、概率权重矩法（PWM）和线性矩法（LM）等。适线法在我国设计洪水规范中已被规定为水文随机变量的参数估计方法，得到广泛应用。

（1）适线法。适线法早在 20 世纪 50 年代初就已较多地应用于水文计算中，目前的适线法比传统适线法有一些改进。对于一个实测系列的适线法，其可分以下三步：

1）点绘经验频率点据。在概率格纸上绘制点据 (x_m^*, p_m)，x_m^* 为来自总体 X 的一组观测值 $x_1, x_2, \cdots, x_n$，由大到小排列的第 m 位的数据。p_m 从理论上讲应该是 $p_m = p(X \geqslant x_m^*)$。但由于总体 X 分布密度中参数未知，因此 $p(X \geqslant x_m^*)$ 实际上是未知数，要画出 (x_m^*, p_m) 点据，显然必须对 p_m 作出估计。最简单的就是 $p_m^* = p(X_{ne} \geqslant x_m^*) = m/n$。因此，也把 p_m 称为样本频率或经验频率。不过 p_m 还有其他更好的估计方法，常用的是期望值公式 $p_m = m/(n+1)$。

2）绘制理论频率曲线。假定 X 分布符合某一总体概率模型（如使用 P-Ⅲ），用某种估计方法（通常用矩法）估计分布密度中的未知参数，有了分布参数可用频率计算方法求出在该参数下的 $x_p - p$ 关系，从而可以绘制理论频率曲线，与上一步中经验频率点据绘在

同一张概率格纸上。

3）检查拟合情况。如果点线拟合得好，所给参数即为适线法估计结果；如点线拟合不好，则需调整参数。重绘理论频率曲线直至点线拟合良好，最终参数即为适线法估计结果。

（2）权函数法。权函数法是针对 P-Ⅲ 型参数估计的方法，其增加均值附近数据权重，减小了远端数据的作用，减少了丢失的端矩面积，同时用低阶矩估计高阶矩，减小估计误差的特性。

将 P-Ⅲ 型密度函数取对数求导，再化简可以得到

$$(x-a_0)f'(x)=-\{1+\beta[x-E(x)]\}f(x)$$

用权函数乘上两边并积分可得

$$\int_{a_0}^{+\infty}(x-a_0)\varphi(x)f'(x)\mathrm{d}x=-\int_{a_0}^{+\infty}\{1+\beta[x-E(x)]\}\varphi(x)f(x)\mathrm{d}x$$

式中权函数可导，且在实数域积分为 1。

用数值统计特征参数代替 a_0 和 β 可得偏态系数 C_s：

$$C_s=\frac{\frac{2}{\sigma}\left\{\int_{a_0}^{\infty}[x-E(x)]\varphi(x)f(x)\mathrm{d}x-\sigma^2\int_{a_0}^{\infty}\varphi'(x)f(x)\mathrm{d}x\right\}}{\int_{a_0}^{\infty}[x-E(x)]\varphi'(x)f(x)\mathrm{d}x}$$

经分析，权函数可取正态密度函数，代入上述公式可得

$$C_s=-4\sigma\frac{B(x)}{G(x)}$$

其中

$$B(x)=\int_{a_0}^{+\infty}[x-E(x)]\varphi(x)f(x)\mathrm{d}x$$

$$G(x)=-\int_{a_0}^{+\infty}[x-E(x)]^2\varphi(x)f(x)\mathrm{d}x$$

（3）概率权重矩法。概率权重矩法简称 PWM 法，由格林伍德（Greenwood）于 1979 年提出，概率权重矩的概念为

$$M_j=\int_0^1 xF(x)^j\mathrm{d}F,j=0,1,2,\cdots$$

式中：M_j 为总体概率权重矩；$F(x)^j$ 为概率权重。

与传统矩法一样，用样本概率权重矩作为总体概率权重矩的估计量，而样本概率权重矩与分布无关。在简单随机样本情况下，样本概率权重矩计算公式为

$$M_j^*=\frac{1}{n}\sum_{i=1}^n x_i^* p_i^j$$

式中：i 为将样本由小到大顺序排列的序号；x_i^* 为相应于序号 i 的样本值；P_i^j 为 x_i^* 的概率权重，一般取如下形式：

$$p_i^j = \frac{(i-1)(i-2)\cdots(i-j)}{(n-1)(n-2)\cdots(n-j)}, i=1,2,\cdots,n$$

于是样本概率权重矩为

$$M_j^* = \frac{1}{n}\sum_{i=1}^{n}\frac{(i-1)(i-2)\cdots(i-j)}{(n-1)(n-2)\cdots(n-j)}x_i^*$$

令 $j=0$、1 及 2，可得

$$M_0^* = \frac{1}{n}\sum_{i=1}^{n}x_i^*$$

$$M_1^* = \frac{1}{n}\sum_{i=1}^{n}\frac{i-1}{n-1}x_i^*$$

$$M_2^* = \frac{1}{n}\sum_{i=1}^{n}\frac{(i-1)(i-2)}{(n-1)(n-2)}x_i^*$$

对于一般分布，都可以导出总体分布参数与概率权重矩之间的关系，从而可用概率权重矩法作参数估计。

（4）线性矩法。1990 年，霍斯金（Hosking）等定义了线性矩：

$$\lambda_j = \int_0^1 xP_{j-1}^* F(x)\mathrm{d}F(x)$$

其中

$$P_j^*(u) = \sum_{k=0}^{j}\frac{(-1)^{j-k}(j+k)!}{(k!)^2(j-k)!}u^k$$

一般而言，这种定义的线性矩与概率权重矩的关系如下：

$$\lambda_{j+1} = \sum_{k=0}^{j}\frac{(-1)^{j-k}(j+k)!}{(k!)^2(j-k)!}M_k$$

具体而言，两种矩的前三阶关系为

$$\lambda_1 = M_0$$
$$\lambda_2 = 2M_1 - M_0$$
$$\lambda_3 = 6M_2 - 6M_1 + M_0$$

还定义了线性矩系数：

$$\tau_j = \lambda_j/\lambda_2, j=3,4$$

τ_3 反映形状特征，还定义了反映尺度特征的系数 τ_2，即

$$\tau_2 = \lambda_2/\lambda_1$$

三、课程设计方法步骤

1. 整理水文数据

水文数据往往是一个时间序列，由于采样和记录中难免出现疏漏或偏差，在进行水文

频率计算之前要进行缺失值的插补和数值校验，将数据整理成表 4-1 所示形式。

表 4-1　　　　　　　　　　某水文站流量观测序列

年份	流量 /(m³/s)	年份	流量 /(m³/s)	年份	流量 /(m³/s)	年份	流量 /(m³/s)
1976	1676.0	1984	614.0	1992	343.0	2000	1029.0
1977	601.0	1985	490.0	1993	413.0	2001	1463.0
1978	562.0	1986	990.0	1994	493.0	2002	540.0
1979	697.0	1987	597.0	1995	372.0	2003	1077.0
1980	407.0	1988	214.0	1996	214.0	2004	571.0
1981	2259.0	1989	196.0	1997	1117.0	2005	1995.0
1982	402.0	1990	929.0	1998	761.0	2006	1840.0
1983	777.0	1991	1828.0	1999	980.0		

2. 计算数据的数字统计特征

根据样本值计算出数据的数字统计特征，一般包括期望、变差系数以及偏态系数（以表 4-1 数据为例进行计算）。在参数估计方法中如矩法，往往需要借助构建样本的数字统计特征与参数值之间的关系进行参数求解。

$$E(X) = \frac{1}{n} \sum_{i=1}^{n} x_i = \frac{1}{31} \times 26447 = 853.1$$

$$C_v = \sqrt{\frac{1}{n-1} \sum_{i=1}^{n} (K_i - 1)^2} = \sqrt{\frac{1}{30} \times 13.0957} = 0.66$$

$$C_s = \frac{\sum_{i=1}^{n} (K_i - 1)^2}{(n-3)C_v^3} = \frac{8.9100}{28 \times 0.66^3} = 1.09$$

3. 参数估计

参数估计有适线法、权函数法、概率权重矩法和线性矩法等，对于不同的概率分布线型，这些方法又对应着不同的形式，为了统一本书展示几种模型（P-Ⅲ型分布、对数正态分布、耿贝尔分布）的矩法参数估计。

（1）P-Ⅲ型分布。根据 P-Ⅲ型分布数字特征和分布参数的关系，进行参数估计。

$$\alpha = \frac{4}{C_s^2}$$

$$\beta = \frac{\sqrt{\alpha}}{\sigma} = \frac{2}{E(X)C_v C_s}$$

$$a_0 = E(X) \left(1 - \frac{2C_v}{C_s}\right)$$

由于 $\Gamma(\alpha)$ 只在 $\alpha > 0$ 时收敛，所以 P-Ⅲ型分布只适用于 $\alpha > 0$ 的场合。这也可由公式看出，若 $\alpha < 0$，则 C_s 变成虚数，实用上无意义。而 $\alpha = 0$ 时，$C_s = \pm \infty$；当 $\alpha \to \infty$ 时，

$C_s=0$。由此可知，α 和 C_s 的值域分别是 $0<\alpha<\infty$、$-\infty<C_s<\infty$。$C_s>0$ 时，概率密度曲线为正偏，长尾在右；而 $C_s<0$ 时，概率密度曲线为负偏，长尾在左；$C_s=0$ 时，分布曲线对称。由于水文变量应有有限的下限，所以，一般仅用 $C_s>0$ 的 P-Ⅲ型分布。

当 $C_s\geqslant2$ 时，即 $0<\alpha\leqslant1$，P-Ⅲ型密度曲线呈乙字形，意指变量在其极小值附近取值机会最大。这不符合水文现象的本质，因为对于一般的水文变量，特大值和特小值出现的机会都很小，而中间值出现的机会应比较多，即概率密度曲线应呈铃形。因此，一般认为 $C_s>2$ 的 P-Ⅲ型分布不宜在水文中应用。

（2）对数正态分布。若 $Y=\ln(X-b)$ 服从正态分布，则称 X 服从三参数对数正态分布。根据对数正态分布的数字统计特征与参数的关系，用样本推求参数：

$$\eta=\left(\frac{C_{s_X}+\sqrt{C_{s_X}^2+4}}{2}\right)^{\frac{1}{3}}-\left(\frac{-C_{s_X}+\sqrt{C_{s_X}^2+4}}{2}\right)^{\frac{1}{3}}$$

$$b=E(x)\left(1-\frac{C_{v_X}}{\eta}\right)$$

$$\sigma_Y{}^2=\sqrt{\ln(1+\eta^2)}$$

式中，C_{s_X} 与 C_{v_X} 分别为偏态系数和离势系数。

（3）耿贝尔分布。利用矩法求出各个参数值：

$$a=\frac{1.2825}{\sigma}$$

$$\mu=E(x)-0.45005\sigma$$

获得水文序列耿贝尔分布参数，利用耿贝尔分布关系，可以获得指定设计频率 p 的设计值 x_p，即

$$x_p=u-\frac{1}{\alpha}\ln[-\ln(1-p)]$$

四、注意事项

（1）给定总体参数 $E(X)$、C_v、C_s，如何可靠地计算 p 对应的 x_p。

（2）各经验点据的绘点公式，会直接影响结果。

（3）拟合好坏的确定。拟合好坏标准也有很多种，有人认为应主要看左端点据的拟合好坏，有人则认为看理论频率曲线与所有点据拟合的好坏。此外，有人认为应以纵向离差为评价拟合好坏的标准，有人则认为应以横向离差为评价拟合好坏的标准。不同拟合标准，适线的结果不一样。

五、思考题

（1）是否还有其他概率分布线型可用于水文频率计算？

（2）上述参数估计方法是否可以应用于每一线型？

（3）了解区间估计。

第二节 回 归 分 析

一、课程设计目的

在水文学中所研究的变量，很多属于相关关系。例如，河流某断面处的流量与水位的关系，对某个确定的水位，流量是不确定的，而是在一个数值上下变动。这是因为影响流量大小的，除了水位以外，还有水面比降、河道糙率等因素。因此，同一水位下各次测得的流量不同。流量与水位还是有一定关系的，一般而言，水位高、流量大，水位低、流量小，因此称水位与流量之间存在相关关系。

再如，测流断面的径流量与断面以上流域内的平均降水量之间的关系，也属于相关关系。由于径流量除了主要受降水量影响外，还受其他因素的影响，如土壤含水量、河湖蓄水量以及蒸发量等。因此，对于相同的降水量，并不对应着一个确定的径流量。但是，总体而言，降水量大，径流量也大；降水量小，径流量也小。

对存在相关关系的变量，虽然不能用函数准确描述它们之间的关系，但可根据散点图中点的分布特点，用函数描述它们之间的变化趋势。回归分析就是研究变量间相关关系的一种数学方法，这种方法在工农业生产和科学研究中都有着十分广泛的应用。在水文学的研究和实践中，回归分析是极其重要的工具。在水文学的研究中，对许多不确定和随机的指标，通过回归分析，可以得到较好的模拟。对于大量的水文要素之间物理成因方面确有联系的观测数据，通过回归分析可以进一步了解它们之间联系的规律性。

二、课程设计（知识）基础

1. 基本概念

（1）回归分析。自然界中的许多变量之间的关系可概括为三种类型。第一种类型是确定性关系，即一个变量的值完全由另一个或另几个变量的值所确定，这种关系可以用函数式来表述。例如，自由落体运动中，物体下落的距离 S 与下落时间 t 之间就有如下的函数关系

$$S = \frac{1}{2}gt^2$$

变量 S 的值完全由 t 值所确定（其中 g 是重力加速度，为常量），如果给定一个 t 值，则 S 只有唯一的值与之对应。在水力学中，水下压强 p 与水深 h 之间存在如下的函数关系

$$p = dh（d \text{ 为常数}）$$

压强 p 随着水深 h 的变化而变化，当 h 给定以后，p 值就由上式完全确定了。

变量之间关系的第二种类型是一个变量的取值与另一个变量的值毫无关系。例如，自由落体运动中，物体下落的距离 S 与物体质量 m 之间的关系就属于这种类型。S 的大小由 g 和 t 来决定，而与 m 值完全无关。又如，广州市的福利彩票年销售量与北京市的年降水量之间的关系也属这种类型。

变量之间的关系还存在第三种类型：一个变量的取值既不像确定性关系中那样完全由

另一个变量值决定，也不像第二种类型所述的与另一个变量值完全无关，它与另一个变量有一定的关系，这种关系称为相关关系，又称非确定依赖关系。具有相关关系的两个变量中，一个变量的取值，除受到另一个变量值的制约之外，还受到其他变量的影响。因此，它不完全由另一个变量确定，例如，人的体重与身高之间的关系，一般而言，身高者，体也重。但体重除了受身高因素影响外，还与人的胖瘦有关。因此，体重与身高有关，但又不完全由身高确定，所以，体重与身高之间的关系具有相关关系。

相关关系虽然不是确定性的，但往往也存在一定的规律，若将任意两个变量作为平面直角坐标系中的坐标，并按其对应观测值 (x_i, y_i) $(i=1, 2, \cdots, n)$ 标在该平面上，就得出 n 个样本点的分布图，这样的图称为观测值的散点图或相关图。从散点图上一般可以看出变量间关系的统计规律。对存在相关关系的变量，虽然不能用函数准确描述它们之间的关系，但可以根据散点图中点的分布特点，用函数描述它们之间的变化趋势。回归分析就是研究变量间相关关系的一种数学方法。

（2）线性回归模型。归回分析的主要任务，就是根据因变量和自变量的观测数据，确定它们之间的趋势函数并对其进行统计分析。在回归分析中，一般都把自变量作为普通变量处理，而因变量是随机变量。下面介绍趋势函数的一般形式和性质。

设随机变量 Y 与 m 个自变量 $x_1, x_2, \cdots, x_m$ 之间存在相关关系，假定它们之间可用下述关系表示：

$$Y=g(x_1,x_2,\cdots,x_m; \beta_0, \beta_1,\cdots,\beta_m)+\varepsilon$$

式中：$g(x_1, x_2, \cdots, x_m; \beta_0, \beta_1, \cdots, \beta_m)$ 为 Y 依 $x_1, x_2, \cdots, x_m$ 变化的趋势函数（也称主值函数）；$\beta_0, \beta_1, \cdots, \beta_m$ 为参数；ε 为随机变量，称为随机误差，它表示除去 $x_1, x_2, \cdots, x_m$ 对 Y 的影响外，其他随机因素对 Y 的影响，也刻画了用趋势函数 g 表示 Y 的值时产生的误差。在回归分析中，常采用均方线性回归，即把函数 g 限定为 $x_1, x_2, \cdots, x_m$ 均方误差最小的线性函数，这不仅使理论研究变得较为方便，而且能够满足大多数实际应用的要求。此时上式变成

$$Y=\beta_0+\beta_1 x_1+\beta_2 x_2+\cdots+\beta_m x_m+\varepsilon$$

上述模型称为线性回归模型。$\beta_0, \beta_1, \beta_2, \cdots, \beta_m$ 称为理论回归系数，ε 表示除 $x_1, x_2, \cdots, x_m$ 以外其他因素对 Y 的影响外，还包括 $x_1, x_2, \cdots, x_m$ 对 Y 的非线性影响。而 $\beta_0+\beta_1 x_1+\beta_2 x_2+\cdots+\beta_m x_m$ 仅表示 $x_1, x_2, \cdots, x_m$ 对 Y 的线性影响程度。应当注意，虽然上面两个式子中的 ε 均为随机误差，但显然，两者为不同的随机变量。

将 $(x_1, x_2, \cdots, x_m)$ 的一组观测值 $(x_{1,i}, x_{2,i}, \cdots, x_{m,i})$ $(i=1, 2, \cdots, n)$ 代入上式得

$$Y_i=\beta_0+\beta_1 x_{1,i}+\beta_2 x_{2,i}+\cdots+\beta_m x_{m,i}+\varepsilon_i, i=1,2,\cdots,n$$

由于随机误差 ε_i 的干扰，对给定的一组 $(x_{1,i}, x_{2,i}, \cdots, x_{m,i})$，$Y_i$ 不是一个确定值而是一个随机变量［注意：Y_i 是对应于自变量 $(x_1, x_2, \cdots, x_m)$ 取固定值 $(x_{1,i}, x_{2,i}, \cdots, x_{m,i})$ 的 Y 值］，它是一个概率分布，也可以把 Y_i 的概率分布理解为在自变量 $(x_1, x_2, \cdots, x_m)$ 取值 $(x_{1,i}, x_{2,i}, \cdots, x_{m,i})$ 时的 Y 条件分布。Y_i 是相互独立的随机变量，且有

$$E(Y_i)=\beta_0+\beta_1 x_{1,i}+\beta_2 x_{2,i}+\cdots+\beta_m x_{m,i}, i=1,2,\cdots,n$$

$$D(Y_i)=D(\varepsilon_i)=\sigma_\varepsilon^2(\text{与 } i \text{ 无关})$$

它们是在均方线性回归前提下当自变量 $(x_1, x_2, \cdots, x_m)$ 取固定值 $(x_{1,i}, x_{2,i}, \cdots, x_{m,i})$ 时随机变量（因变量）Y_i 线性趋势值，以及 Y_i 为关于该趋势值的方差〔注意区别 $E(Y)$ 和 $E(Y_i)$ 及 $D(Y)$ 和 $D(Y_i)$ 的不同意义〕。

由于 i 的任意性，通常略去式 $E(Y_i)=\beta_0+\beta_1 x_{1,i}+\beta_2 x_{2,i}+\cdots+\beta_m x_{m,i}$，$i=1, 2, \cdots, n$ 的下标 i，并将 $E(Y_i)$ 写作 $\bar{y}_x$，于是成为

$$\bar{y}_x=\beta_0+\beta_1 x_1+\beta_2 x_2+\cdots+\beta_m x_m$$

上式称为因变量 Y 依自变量 $x_1, x_2, \cdots, x_m$ 的理论（线性）回归方程。

2. 一元线性回归模型

如果方程式 $Y=g(x_1,x_2,\cdots,x_m;\beta_0,\beta_1,\cdots,\beta_m)+\varepsilon$ 中只含有一个自变量 x，则称为一元线性回归模型，则有

$$Y_i=\beta_0+\beta_1 x_i+\varepsilon_i$$
$$E(Y_i)=\beta_0+\beta_1 x_i$$
$$\bar{y}_x=\beta_0+\beta_1 x$$

上式是理论回归方程式，其图像称为 Y 依 x 的理论回归直线。为了利用回归方程对因变量的未来发展作出预测或控制，必须通过观测或试验，根据样本对回归系数作出估计。

3. 多元线性回归模型

多元线性回归的数学模型如下：

$$y=\beta_0+\beta_1 x_1+\beta_2 x_2+\cdots+\beta_m x_m+\varepsilon$$

将 y 和 $x_1, x_2, \cdots, x_m$ 的 n 组观测值：

$$(y_i,x_{1,i},x_{2,i},\cdots,x_{m,i}),i=1,2,\cdots,n$$

代入 $y=\beta_0+\beta_1 x_1+\beta_2 x_2+\cdots+\beta_m x_m+\varepsilon$ 得到

$$\begin{cases} Y_1=\beta_0+\beta_1 x_{1,1}+\beta_2 x_{2,1}+\cdots+\beta_m x_{m,1}+\varepsilon_1 \\ Y_2=\beta_0+\beta_1 x_{1,2}+\beta_2 x_{2,2}+\cdots+\beta_m x_{m,2}+\varepsilon_2 \\ \qquad\qquad\qquad\vdots \\ Y_n=\beta_0+\beta_1 x_{1,n}+\beta_2 x_{2,n}+\cdots+\beta_m x_{m,n}+\varepsilon_n \end{cases}$$

采用矩阵记号，记

$$\boldsymbol{y}=\begin{bmatrix} y_1 \\ y_2 \\ \vdots \\ y_n \end{bmatrix}, \boldsymbol{x}=\begin{bmatrix} 1 & x_{1,1} & x_{2,1} & \cdots & x_{m,1} \\ 1 & x_{1,2} & x_{2,2} & \cdots & x_{m,2} \\ \vdots & \vdots & \vdots & \vdots & \vdots \\ 1 & x_{1,n} & x_{2,n} & \cdots & x_{m,n} \end{bmatrix}$$

$$\boldsymbol{\beta}=\begin{bmatrix} \beta_0 \\ \beta_1 \\ \vdots \\ \beta_m \end{bmatrix}, \boldsymbol{\varepsilon}=\begin{bmatrix} \varepsilon_1 \\ \varepsilon_2 \\ \vdots \\ \varepsilon_n \end{bmatrix}$$

则上式可写成

$$\boldsymbol{y}=\boldsymbol{x}\boldsymbol{\beta}+\boldsymbol{\varepsilon}$$

多元线性回归的理论回归方程式：

$$\overline{y}_x = \beta_0 + \beta_1 x_1 + \beta_2 x_2 + \cdots + \beta_m x_m$$

4. 非线性回归

在实际问题中，常常遇到回归方程为非线性函数的情况，例如，水文计算中，设计洪峰流量 Q 与流域面积之间的经验公式 $Q = CF^b$ 就是个非线性函数。一元非线性回归方程参数估计的常用方法有：线性化方法、直接最小二乘法、二步法等。

三、课程设计方法步骤

1. 一元线性回归模型

（1）选择一个流域，收集距离较近的两个水文站（a 站和 b 站）的相同 N 年的年降水量数据。

（2）选择前 n 年的数据建立 a 站降水量（y）依 b 站降水量（x）的一元线性回归模型，理论回归方程式为 $\overline{y} = \beta_0 + \beta_1 x$。

接下来根据实测资料估计上式中的 β_0、β_1。自变量 x 的一组观测值 x_1，x_2，$\cdots$，x_n，及与之对应的因变量 y 的一组观测值 y_1，y_2，$\cdots$，y_n，这样就得到自变量与因变量的 n 对观测值 (x_i, y_i)（$i = 1, 2, \cdots, n$），将它们点绘在直角坐标中。若点据大致分布在一条不平行于 x 轴的直线附近，就可猜想，因变量与自变量之间可能存在线性相关关系。

若以 b_0、b_1 表示 β_0、β_1 的估计量，则观测值 y_i 可表示为

$$y_i = b_0 + b_1 x_i + \delta_i, \quad i = 1, 2, \cdots, n$$

式中：δ_i 为以 $b_0 + b_1 x_i$ 作为 y 的真值 y_i 的近似值时的误差，通常称为"残差"或"剩余"。

称方程

$$\hat{y}_i = b_0 + b_1 x_i, \quad i = 1, 2, \cdots, n$$

为因变量 y 依自变量 x 的经验回归方程，b_0、b_1 为经验回归系数。由于 i 的任意性，通常省略不写，因此上式可写成

$$\hat{y} = b_0 + b_1 x$$

其图像是经验回归直线。显然经验回归直线方程式就是理论回归直线方程式的估计线。那么，怎样选择 b_0、b_1 才能使这种估计达到最好呢？这里直接给出 b_0、b_1 的求解公式：

$$b_1 = \frac{\sum\limits_{i=1}^{n} x_i y_i - n \overline{x} \, \overline{y}}{\sum\limits_{i=1}^{n} x_i^2 - n \overline{x}^2}$$

$$b_0 = \overline{y} - b_1 \overline{x}$$

其中

$$\overline{x} = \frac{1}{n} \sum\limits_{i=1}^{n} x_i, \quad \overline{y} = \frac{1}{n} \sum\limits_{i=1}^{n} y_i$$

（3）利用 b 站后 $N - n$ 年的年降水量数据来验证所建立的一元线性回归模型预测 a 站同一时期的年降水量数据。预测值与实际值之间的误差越小表示所建立的模型越合理。

2. 多元线性回归模型

(1) 选择一个流域，收集相关资料，包括年径流深 y，年降水量 x_1，以及年平均饱和差 x_2 的相同时期的 N 年数据。

(2) 与一元线性回归一样，多元回归的回归系数 β_0，β_1，β_2，…，β_m 也要用 y 与 x_1，x_2，…，x_m 的观测资料估计。

设 $(y_i, x_{1,i}, x_{2,i})$ $(i=1, 2, …, n)$ 为因变量与自变量的 n 组观测值，若以 b_0、b_1、b_2 表示 β_0、β_1、β_2 的估计量，则观测值 y_i 可表示为

$$y_i = b_0 + b_1 x_{1,i} + b_2 x_{2,i} + e_i, i=1,2,…,n$$

式中：e_i 为以 $b_0 + b_1 x_i$ 作为 y 的真值 y_i 的近似值时的误差，通常称为"残差"或"剩余"。

若记

$$\hat{y} = b_0 + b_1 x_1 + b_2 x_2$$

上式称为经验回归方程，简称回归方程。b_0、b_1、b_2 称为经验回归系数。与一元线性回归一样，用最小二乘法估计 β_0、β_1、β_2，就是选择 b_0、b_1、b_2 使

$$Q = \sum_{i=1}^{n} e_i^2 = \sum_{i=1}^{n} (y_i - \hat{y}_i)^2 = 最小$$

将 $\hat{y} = b_0 + b_1 x_1 + b_2 x_2$ 代入上式，得到

$$Q = \sum_{i=1}^{n} e_i^2 = \sum_{i=1}^{n} \left[y_i - (b_0 + b_1 x_{1,i} + b_2 x_{2,i}) \right]^2$$

根据高等数学中求极值的原理，使 Q 达到极小值的 b_0、b_1、b_2 应满足方程组：

$$\begin{cases} \dfrac{\partial Q}{\partial b_0} = -2 \sum_{i=1}^{n} (y_i - \hat{y}_i) = 0 \\ \dfrac{\partial Q}{\partial b_k} = -2 \sum_{i=1}^{n} (y_i - \hat{y}_i) x_{k,i} = 0, k=1,2 \end{cases}$$

将 $\hat{y} = b_0 + b_1 x_1 + b_2 x_2$ 代入上式，整理后得到

$$\begin{cases} n b_0 + b_1 \sum_{i=1}^{n} x_{1,i} + b_2 \sum_{i=1}^{n} x_{2,i} = \sum_{i=1}^{n} y_i \\ b_0 \sum_{i=1}^{n} x_{1,i} + b_1 \sum_{i=1}^{n} x_{1,i}^2 + b_2 \sum_{i=1}^{n} x_{2,i} x_{1,i} = \sum_{i=1}^{n} y_i x_{1,i} \\ b_0 \sum_{i=1}^{n} x_{2,i} + b_1 \sum_{i=1}^{n} x_{1,i} x_{2,i} + b_2 \sum_{i=1}^{n} x_{2,i}^2 = \sum_{i=1}^{n} y_i x_{2,i} \end{cases}$$

此方程称为正规方程组，其中 b_0、b_1、b_2 为未知量，其他量都可以由实测样本算出。于是可用各种代数方法求解。

若记

$$\boldsymbol{B}_1 = \begin{bmatrix} b_0 \\ b_1 \\ b_2 \end{bmatrix}$$

$$A = x'x = \begin{bmatrix} 1 & 1 & \cdots & 1 \\ x_{1,1} & x_{1,2} & \cdots & x_{1,n} \\ x_{2,1} & x_{2,2} & \cdots & x_{2,n} \end{bmatrix} \begin{bmatrix} 1 & x_{1,1} & x_{2,1} \\ 1 & x_{1,2} & x_{2,2} \\ \vdots & \vdots & \vdots \\ 1 & x_{1,n} & x_{2,n} \end{bmatrix} = \begin{bmatrix} n & \sum_{i=1}^{n} x_{1,i} & \sum_{i=1}^{n} x_{2,i} \\ \sum_{i=1}^{n} x_{1,i} & \sum_{i=1}^{n} x_{1,i}{}^2 & \sum_{i=1}^{n} x_{2,i}x_{1,i} \\ \sum_{i=1}^{n} x_{2,i} & \sum_{i=1}^{n} x_{2,i}x_{1,i} & \sum_{i=1}^{n} x_{2,i}{}^2 \end{bmatrix}$$

x' 是 x 的转置矩阵，可见 A 就是正规方程组的系数矩阵，它是对称矩阵。

$$D_1 = x'y = \begin{bmatrix} 1 & 1 & \cdots & 1 \\ x_{1,1} & x_{1,2} & \cdots & x_{1,n} \\ x_{2,1} & x_{2,2} & \cdots & x_{2,n} \end{bmatrix} \begin{bmatrix} y_1 \\ y_2 \\ \vdots \\ y_n \end{bmatrix} = \begin{bmatrix} \sum_{i=1}^{n} y_i \\ \sum_{i=1}^{n} y_i x_{1,i} \\ \sum_{i=1}^{n} y_i x_{1,m} \end{bmatrix} = \begin{bmatrix} d_0 \\ d_1 \\ d_2 \end{bmatrix}$$

则正规方程组的矩阵形式为

$$AB_1 = D_1$$

从而可解得

$$B_1 = A^{-1}D_1 = C_1 D_1$$

其中
$$C_1 = A^{-1} = \begin{bmatrix} c_{0,0}^{(1)} & c_{0,1}^{(1)} & c_{0,2}^{(1)} \\ c_{1,0}^{(1)} & c_{1,1}^{(1)} & c_{0,0}^{(1)} \\ c_{2,0}^{(1)} & c_{2,1}^{(1)} & c_{2,2}^{(1)} \end{bmatrix} = (c_{k,t}^{(1)}), k = 0,1,2; t = 0,1,2$$

这样

$$b_k = \sum_{t=0}^{2} c_{k,t}^{(1)} d_t, k = 0,1,2$$

（3）利用后 $N-n$ 年的年降水量数据来验证所建立的多元线性回归模型预测同一时期流域的径流深。预测值与实际值之间的误差越小表示所建立的模型越合理。

四、注意事项

在实际工作中，应用回归分析时，常见两种不正确的用法：一是假相关；二是辗转相关。

1. 假相关

所谓假相关，是指原来不相关或弱相关的两个变量，通过函数变换，或两者（或其中之一）加入共同成分，而使相关关系变得密切。例如，设原有变量 X 和 Y，它们之间本来不存在相关关系或相关关系较差，对它们的原系列进行一定的变换，若变换后变量的数量级减少了（如变换成 $\lg X$ 和 $\lg Y$，或 $\sqrt{X}$ 和 $\sqrt{Y}$ 等），就可能出现假相关的现象。

2. 辗转相关

在水文计算中，常需要由变量 X（称为参证变量）系列，插补展延变量 Y（称为目标变量）系列。如果变量 Y 和 X 的相关关系较差，而另一变量 Z（称为中间变量）与 X 和 Y 的相关关系都比较好。于是有人先用 Z 依 X 的回归方程，由 X 系列插补展延 Z 系列，再用 Y 依 Z 的回归方程，由 Z 插补展延 Y 系列。这种方法称为辗转相关。虽然辗转相关的中间过程似乎有较好的相关关系，但是一般情况下，辗转相关的误差大于直接相关时的误差。所以试图通过辗转相关提高目标变量估计精度的想法是不正确的。

五、思考题

（1）相关分析和回归分析有什么异同？

（2）回归预测的误差有哪些？

第三节 随 机 过 程

一、课程设计目的

在许多实际问题中，常常需要研究某些随机现象的发展过程，这就需要研究一族随机变量。本课程设计在于了解随机过程的基本概念，掌握随机过程的分布函数并知道随机过程的数学特征，了解几种随机过程，比如独立随机过程与独立增量随机过程、平稳随机过程、马尔可夫过程。

二、课程设计（知识）基础

一个随机变量的统计特性完全由随机变量的概率分布函数所确定，n 个随机变量的统计特性完全由它们的联合概率分布函数所确定。随机过程在任意时刻的状态是随机变量，因此随机过程的统计特性也完全由它的概率分布函数来确定。

1. 随机过程的一维分布函数

$X(t)$ 是一个随机过程，对任一固定 t，$X(t)$ 是一个随机变量，其分布函数记为

$$F_1(x,t) = P[X(t) < x]$$

称 $F_1(x,t)$ 为随机过程 $X(t)$ 的一维分布函数。

若 $\dfrac{\partial F_1(x,t)}{\partial x}$ 存在且

$$f_1(x,t) = \frac{\partial F(x,t)}{\partial x}$$

称 $f_1(x,t)$ 为随机过程 $X(t)$ 的一维概率密度函数。

$F_1(x,t)$ 和 $f_1(x,t)$ 与时间 t 有关。一维分布函数或一维概率密度函数描述了随机过程在各个孤立时刻（状态）的统计特性

2. 二维分布函数

随机过程 $X(t)$ 在任意两时刻的状态 $X(t_1)$ 与 $X(t_2)$ 之间的联系可用二维随机变量 $[X(t_1), X(t_2)]$ 的联合分布函数描述，即

$$F_2(x_1, x_2; t_1, t_2) = P[X(t_1) < x_1, X(t_2) < x_2]$$

称$F_2(x_1,x_2;t_1,t_2)$为 $X(t)$的二维分布函数。若偏导数

$$f_2(x_1,x_2;t_1,t_2)=\frac{\partial F(x_1,x_2;t_1,t_2)}{\partial x_1 \partial x_2}$$

存在，则称$f_2(x_1,x_2;t_1,t_2)$为随机过程 $X(t)$的二维概率密度函数。

$F_2(x_1,x_2;t_1,t_2)$与时间 t_1、t_2有关。二维分布函数比一维分布函数包含了更多的信息，它反映了随机过程 $X(t)$在任意两时刻 t_1、t_2状态间的统计关系。

3. n 维分布函数

类似地，可引入随机过程 $X(t)$的 n 维分布函数

$$F_n(x_1,x_2,\cdots,x_n;t_1,t_2,\cdots,t_n)=P[X(t_1)<x_1,X(t_2)<x_2,\cdots,X(t_n)<x_n]$$

和 n 维概率密度函数

$$f_2(x_1,x_2,\cdots,x_n;t_1,t_2,\cdots,t_n)=\frac{\partial F(x_1,x_2,\cdots,x_n;t_1,t_2,\cdots,t_n)}{\partial x_1 \partial x_2 \cdots \partial x_n}$$

n 维分布函数或 n 维概率密度函数能够近似地描述随机过程 $X(t)$的统计特性。

显然，n 越大，随机过程的统计特性的描述也越趋完善。一般而言，分布函数族
$(F_1，F_2，\cdots)$ 完全地确定了随机过程 $X(t)$的全部统计特性。例如，要描述年内日平均流量序列的统计特性，它的一维分布函数描述了 365d 各日平均流量截口的统计特性；二维分布函数描述了任意两个日平均流量截口之间的联系；n （$n\leqslant365$）维分布函数则描述了任意 n 个日平均流量截口之间的联系。一维、二维、n 维日流量分布函数族就完全描述了年内日平均流量序列的全部统计特性。

4. 马尔可夫过程

（1）马尔可夫过程的定义。设随机过程 $X(t)$，如果对任意的 n、k 和时刻 $t_1<t_2<\cdots<t_n<\cdots<t_{n+k}$，在 $X(t_1)=x_1,X(t_2)=x_2,\cdots,X(t_n)=x_n$条件下，$X(t_{n+k})$的条件分布函数满足：

$$F(x_{n+k};t_{n+k}|x_n,x_{n-1},\cdots,x_1;t_n,t_{n-1},\cdots,t_1)=F(x_{n+k};t_{n+k}|x_n;t_n),k>0$$

则 $X(t)$被称为马尔可夫过程（马氏过程）。上式右端的条件分布函数：

$$F(x_{n+k};t_{n+k}|x_n;t_n)=P[X(t_{n+k})<x_{n+k}|X(t_n)=x_n]$$

表示马尔可夫过程在时刻 t_n处于状态 x_n，到时刻 t_{n+k}状态转移到 x_{n+k}的概率分布，简称转移概率分布。

（2）马尔可夫链。马尔可夫链（Markov Chain，MC）是概率论和数理统计中具有马尔可夫性质且存在于离散的指数集和状态空间内的随机过程。适用于连续指数集的马尔可夫链被称为马尔可夫过程，有时也被视为马尔可夫链的子集，即连续时间马尔可夫链，与离散时间马尔可夫链相对应，因此马尔可夫链是一个较为宽泛的概念。

三、课程设计方法步骤

1. 选站

选择一个具有长期观测资料的站点，数据资料相对完整。

2. 收集降水量数据

收集该站降水数据，收集的年份尽量大于 30 年。

3. 计算月降水量和年降水量

计算各年份的月降水量和年降水量。

4. 计算年降水随机过程并计算该过程的数字特征

（1）数学期望。离散型随机过程的状态和时间都是离散的，其数字特征计算方式和连续型随机变量的计算方式有区别。水文序列的随机序列一般都是离散过程，离散型随机分布的数学期望计算方法为

$$E(x) = \sum_{i=1}^{n} x_i \, p_i$$

式中：$E(x)$ 为数学期望；x_i 为每个随机量；p_i 为每个量出现的概率。

（2）方差。方差是衡量随机变量或一组数据离散程度的度量，概率论中方差用来度量随机变量和其数学期望（即均值）之间的偏离程度。当数据分布比较分散（即数据在平均数附近波动较大）时，各个数据与平均数的差的平方和较大，方差就较大；当数据分布比较集中时，各个数据与平均数的差的平方和较小。因此方差越大，数据的波动越大；方差越小，数据的波动就越小。

$$D(x) = \sum_{i=1}^{n} \left[x_i - E(x) \right]^2 p_i$$

方差和均方差是测算离散趋势最重要、最常用的指标。均方差为方差的算术平方根，用 $\sigma(x)$ 表示，即

$$\sigma(x) = \sqrt{D(x)} = \sqrt{\sum_{i=1}^{n} \left[x_i - E(x) \right]^2 p_i}$$

5. 分析该站年降水过程是否为随机平稳过程（按月降水量计算）

（1）平稳随机过程的定义。一个随机过程 $X(t)$，若对于任何 n，k 及 t_1，t_2，$\cdots$，t_n，$X(t)$ 的 n 维分布函数满足

$$F_n(x_1, x_2, \cdots, x_n; t_1, t_2, \cdots, t_n) = F_n(x_1, x_2, \cdots, x_n; t_1 + k, t_2 + k, \cdots, t_n + k)$$

则 $X(t)$ 被称为平稳随机过程（简称平稳过程），否则称为非平稳随机过程。从上式可以看出，平稳随机过程的 n 维分布函数不因所选开始时刻的改变而不同，即平稳随机过程的统计特性与所选取的时间起点无关。也就是说，平稳随机过程的统计特性不随时间的变化而改变。例如，在河流同一断面上，利用 1900 年开始的相当长的年径流系列计算得到的年径流量 n 维分布函数与利用任意一年（如 1920 年）开始的相当长的年径流系列计算得出的 n 维分布函数是相同的。平稳随机过程的这个特点，可使问题的分析计算大为简化。它具有一系列简单的特性，因而这类随机过程在实际工作中得到了广泛应用。

（2）平稳过程的数字特征。

1）均值平稳。根据平稳过程的定义，当 $n=1$ 时，对任意 τ 有 $F_1(x, t) = F_1(x, t + \tau)$。当 $\tau = -t$ 时，则有

$$F_1(x, t) = F_1(x, t - t) = F_1(x, 0) = F_1(x)$$

同样有

$$f_1(x, t) = f_1(x, t - t) = f_1(x, 0) = f_1(x)$$

即平稳过程 $X(t)$ 的一维分布函数及一维概率密度都与时间无关。那么

$$E[X(t)] = \int_{-\infty}^{\infty} x f_1(x,t)\mathrm{d}x = \int_{-\infty}^{\infty} x f_1(x)\mathrm{d}x = m_x$$

从上式可以看出，平稳随机过程 $X(t)$ 的均值函数与时间 t 无关，即其均值函数 m_x 为常数。也就是说，平稳随机过程的均值平稳。

2）方差平稳。

$$D_x(t) = \int_{-\infty}^{\infty} [x - m_x(t)]^2 f_1(x,t)\mathrm{d}x = \int_{-\infty}^{\infty} (x - m_x)^2 f_1(x)\mathrm{d}x = \sigma_x^2$$

因此，平稳随机过程 $X(t)$ 的方差函数 σ_x^2 是常数，不随时间 t 而变，称为方差平稳。

3）自协方差平稳。根据平稳过程的定义，当 $n=2$ 时，对任意 k 有

$$f_2(x_1, x_2; t_1, t_2) = f_2(x_1, x_2; t_1 + k, t_2 + k)$$

令 $k = -t_1$，$t_2 - t_1 = \tau$（时间间隔），则

$$f_2(x_1, x_2; t_1, t_2) = f_2(x_1, x_2; 0, \tau) = f_2(x_1, x_2; \tau)$$

可见，平稳过程的二维分布函数与具体时间位置无关，只与时间间隔 τ（又称滞时）有关。自协方差函数为

$$\mathrm{Cov}(t_1, t_2) = \int_{-\infty}^{\infty} \int_{-\infty}^{\infty} [x_1 - m_x(t_1)][x_2 - m_x(t_2)] f_2(x_1, x_2; t_1, t_2)\mathrm{d}x_1 \mathrm{d}x_2$$

$$= \int_{-\infty}^{\infty} \int_{-\infty}^{\infty} (x_1 - m_x)(x_2 - m_x) f_2(x_1, x_2; \tau)\mathrm{d}x_1 \mathrm{d}x_2 = \mathrm{Cov}(\tau)$$

因此，平稳随机过程 $X(t)$ 的自协方差函数只与时间间隔 τ 有关，称为自协方差平稳。

4）自相关函数平稳。

$$\rho(t_1, t_2) = \frac{\mathrm{Cov}(t_1, t_2)}{\sigma_x(t_1)\sigma_x(t_2)} = \frac{\mathrm{Cov}(\tau)}{\sigma_x^2} = \rho(\tau)$$

上式说明平稳过程的自相关函数与具体时间位置无关，只与时间间隔 τ 有关，即平稳随机过程的自相关函数平稳。

（3）平稳过程的分类。平稳过程可分为两类：一是严平稳过程，又称狭义平稳过程或高阶平稳过程，这样的平稳过程在现实中是没有的；二是宽平稳过程，即均值和自协方差平稳的过程，也称广义平稳过程或二阶平稳过程。

（4）各态历经性。前述的各状态数字特征是通过大量的样本函数计算而得的。这样计算的数字特征能真实反映随机过程的统计特性。但在实际工作中，往往难以获取大量的样本函数。例如，在水文学中仅仅有一个样本函数（一串观测资料），如 n 年径流过程、n 年降水过程等。理论证明，在一定条件下，平稳过程的一个相当长的样本资料（一个现实）可以用来分析计算平稳过程的统计特性。这样的随机过程被称为具备各态历经性或遍历性，并称为各态历经过程。

平稳过程各态历经性可以理解为在样本容量很大的情况下，各个样本函数都同样经历了平稳过程的各种可能状态，或者说每一个样本函数能够代表过程的所有可能样本函数，因而任何一个样本函数都能充分地反映过程的全部统计性质，则可由任何一个样本函数估计平稳过程的统计特征。

需要说明的是，并不是所有的平稳过程都具备各态历经性，事实上，从理论上去证明它们是十分困难的，甚至往往是不可能的。在水文水资源学中，一般常假定平稳过程具有

各态历经性，然后再进行分析计算，如结果符合实际，则说明过程是各态历经；否则，需另作处理。

四、注意事项

严平稳过程又称狭义平稳过程或高阶平稳过程，这样的平稳过程在现实中是没有的；宽平稳过程在现实世界中还是存在的，一般平稳过程如没加特别指明都是指宽平稳过程。严平稳过程一定是宽平稳过程，而宽平稳过程不一定是严平稳过程。

五、思考题

（1）对于某断面的水位，设 $X(t)$ 表示该断面每年 t 时刻的水位，则对某一固定的 t，$X(t)$ 是不是随机变量？

（2）若流域下垫面和气候条件稳定，该流域的年径流过程、月径流过程、年最大 15d 洪水过程均为水文过程，请问哪些是平稳过程，哪些是非平稳过程？

（3）已知随机过程 $X(t)=At$，其中 A 是服从 $[0,1]$ 上均匀分布的随机变量，试问随机过程 $X(t)$ 是否平稳？

第四节　时间序列分析

一、课程设计目的

某些时间序列是依赖于时间的一族随机变量，构成该时间序列的单个序列值虽然具有不确定性，但整个序列的变化却有一定的规律性，可以用相应的数学模型近似描述，通过对该数学模型的分析研究，能够更本质地认识时间序列的结构与特征，达到最小方差意义下的最优预测。而水文时间序列具有同样的性质，将时间序列分析的方法迁移到水文时间序列，可以从数理统计的角度对水文过程规律有更深刻的认识。

二、课程设计（知识）基础

1. 时间序列的概念

水文现象随时间变化的过程称为随机水文过程。随机水文过程一般是连续的，为便于分析和计算，常常将随机水文过程离散化处理，在离散时刻对它进行观测，得到水文时间序列。通常有三种离散手段：①取时间区间上的统计值；②按某种规则选取特征值；③在离散时刻取样。

水文时间序列一般由确定成分和随机成分组成。确定成分具有一定的物理概念，包括周期的和非周期的成分；随机成分由不规则的震荡和随机影响组成。水文时间序列常用线性叠加的形式表示：

$$X_t = N_t + P_t + S_t$$

式中：N_t 为确定性的非周期成分（包括趋势、跳跃、突变）；P_t 为确定性的周期成分，包括单周期、复合周期和近似周期；S_t 为随机成分，包括平稳的和非平稳的两种情况。

2. 水文时间序列分析

（1）自相关分析。在平稳序列中，设 X_t 的相当长的样本函数为 x_1，x_2，x_3，…，x_n，由前述知自相关系数为

$$\rho_k = \frac{\mathrm{Cov}(k)}{\sigma^2}$$

其中

$$\mathrm{Cov}(k) = \lim_{n \to \infty} \frac{1}{n-k} \sum_{t=1}^{n-k} (x_{t+k} - u)(x_t - u)$$

$$u = \lim_{n \to \infty} \frac{1}{n} \sum_{t=1}^{n} x_t$$

$$\sigma^2 = \lim_{n \to \infty} \frac{1}{n} \sum_{t=1}^{n} (x_t - u)^2$$

式中：k 为滞时或阶数；ρ_k 为阶数 k 的自相关系数。

ρ_k 随 k 变化的图形为总体自相关图。实际工作中，n 一般都很小，此时用样本自相关系数估计总体自相关系数：

$$r_k = \hat{\rho}_k = \frac{\hat{\mathrm{Cov}}(k)}{\hat{\sigma}_t \hat{\sigma}_{t+k}}$$

其中

$$\hat{\mathrm{Cov}}(k) = \frac{1}{n-k} \sum_{t=1}^{n-k} (x_{t+k} - \bar{x}_{t+k})(x_t - \bar{x}_t)$$

$$\hat{\sigma}_t^2 = \frac{1}{n-k} \sum_{t=1}^{n-k} (x_t - \bar{x}_t)^2$$

$$\bar{\sigma}_{t+k}^2 = \frac{1}{n-k} \sum_{t=1}^{n-k} (x_{t+k} - \bar{x}_{t+k})^2$$

$$\bar{x}_t = \frac{1}{n-k} \sum_{t=1}^{n-k} x_t, \bar{x}_{t+k} = \frac{1}{n-k} \sum_{t=1}^{n-k} x_{t+k}$$

自相关系数是描述水文时间序列自身内部线性相依程度的指标，一般有 3 种用途：

1）判断时间序列前后相依程度，自相关系数绝对值越大，研究序列内部线性相依程度越强；反之越弱。

2）用样本自相关图与一些随机模型的总体自相关图比较，根据相似程度，找出时间序列最佳估计模型。

3）判断时间序列是否独立，理论上说自相关系数为 0 则时间序列独立，但现实中有抽样误差，一般采用假设检验的方法对时间序列是否独立进行判断。

（2）互相关分析。研究水文时间序列时采用互相关分析，既可以反映两序列同时刻间的关系，也可以描述两序列不同时刻间的关系。互相关系数的定义为

$$\rho_k(X,Y) = \frac{\mathrm{Cov}_k(X,Y)}{\sigma_x \sigma_y}$$

式中：$\mathrm{Cov}_k(X,Y)$ 为 X 和 Y 两序列滞时 k 的互协方差，即

$$\text{Cov}_k(X,Y) = \lim_{n \to \infty} \frac{1}{n-k} \sum_{t=1}^{n-k} (X_t - u_x)(Y_{t+k} - u_y)$$

$\rho_k(X,Y)$ 表示两序列滞时 k 的相关程度，绝对值越大互相关程度越高。$\rho_k(X,Y)$ 与 k 的变化过程称为总体互相关图。样本的互相关系数为

$$r_k(X,Y) = \hat{\rho}_k(X,Y) = \frac{\hat{\text{Cov}}_k(X,Y)}{\hat{\sigma}_x \hat{\sigma}_y}$$

其中

$$\hat{\text{Cov}}_k(X,Y) = \frac{1}{n-k} \sum_{t=1}^{n-k} (x_t - \bar{x})(y_{t+k} - \bar{y})$$

$r_k(X,Y)$ 随 k 变化图称为互相关系数图，其中互相关系数不关于 $k=0$ 对称。

3. 平稳时间序列的线性模型

当一个时间序列的均值、方差没有系统变化，且严格消除了周期变化就称该事件序列是平稳的。平稳时间序列的线性模型分为三种：自回归模型（AR）、滑动平均模型（MA）、自回归滑动平均模型（ARMA），后者是前两个模型的结合。

q 阶滑动平均模型 MA（q）的定义如下

$$X_t = e_t + \theta_1 e_{t-1} + \theta_2 e_{t-2} + \cdots + \theta_q e_{t-q}, t = 0, \pm 1, \pm 2, \cdots$$

式中：e_t 为白噪声序列。

相应的 p 阶平稳自回归模型 AR（p）为

$$X_t - \phi_1 X_t - \cdots - \phi_p X_t - p = e_t, t = 0, \pm 1, \pm 2, \cdots$$

其中，ϕ_i（$i=1, 2, \cdots, p$）为 p 个实数。

而相应的自回归滑动平均模型 ARMA（p, q）为

$$X_t - \phi_1 X_{t-1} - \cdots - \phi_p X_{t-p} = e_t + \theta_1 e_{t-1} + \cdots + \theta_q e_{t-q}$$

三、课程设计方法步骤

1. 计算样本的数字统计特征

水文时间序列分析的过程中，自相关系数和偏自相关系数是两个重要的数字统计特征。构成时间序列的每个序列值 X_t，X_{t-1}，X_{t-2}，$\cdots$，X_{t-k} 之间的简单相关关系称为自相关。自相关程度用自相关系数衡量，表示时间序列中相隔 k 期的观测值之间的相关程度。偏自相关是在序列给定 X_{t-1}，X_{t-2}，$\cdots$，X_{t-k+1} 的条件下 X_t 与 X_{t-k} 之间的条件相关性，用偏自相关系数衡量。

$$\gamma_k = \frac{\sum_{t=1}^{n-k}(X_t - \bar{X})(X_{t+k} - \bar{X})}{\sum_{t=1}^{n}(X_t - \bar{X})^2}$$

$$\varphi_{kk} = \begin{cases} \gamma_1, & k=1 \\ \dfrac{\gamma_k - \sum_{j=1}^{k-1} \varphi_{k-1,j} \gamma_{k-j}}{1 - \sum_{j=1}^{k-1} \varphi_{k-1,j} \gamma_j}, & k=2,3,\cdots \end{cases}$$

2. 模型识别

模型识别依赖于判断样本的自相关函数和偏自相关函数的变化情况来决定。如果样本自相关函数在 q 步截尾，则判断 X_t 适合 MA(q) 模型；如果样本偏自相关函数在 p 步截尾，则可判断 X_t 适合 AR(p) 模型；若两函数均不截尾而是依负指数衰减，则可初步判定 X_t 适合 ARMA(p,q) 模型。其关系见表 4-2。

表 4-2   模 型 识 别 参 考 表 格

函数	AR(p)	MA(q)	ARMA(p,q)
自相关函数	拖尾	q 处截尾	拖尾
偏自相关函数	p 处截尾	拖尾	拖尾

3. 参数计算

在模型识别阶段，首先计算样本的自相关系数和偏自相关系数，若两系数都拖尾且有衰减趋势，则可将模型初步定为 ARMA 模型，并进行相应的参数估计。

如采用较为简便的矩估计进行参数估计，有

$$\begin{cases} \rho_1(\phi_1,\cdots,\phi_p;\theta_1,\cdots,\theta_q)=\hat{\rho}_1 \\ \rho_{p+q}(\phi_1,\cdots,\phi_p;\theta_1,\cdots,\theta_q)=\hat{\rho}_{p+q} \end{cases}$$

$$\hat{\mu}=\bar{x}=\frac{\sum_{i=1}^{n}x_i}{n}$$

$$\hat{\sigma}_\varepsilon^2=\frac{1+\hat{\phi}_1^2+\cdots+\hat{\phi}_p^2}{1+\hat{\theta}_1^2+\cdots+\hat{\theta}_q^2}\hat{\sigma}_x^2$$

在建立合适的模型之后，需要对模型的可信度进行检验，随后可以将模型运用于实际水文数据序列的预测中。

四、注意事项

（1）了解模型的假设条件。

（2）构建模型之后需要保证模型通过检验。

（3）模型只可以用于短期预测，对长期预测则无能为力。

五、思考题

（1）确定模型参数是否有别的方法？

（2）模型定阶方法是否唯一？

（3）将 AR、MA 及 ARMA 等方法与机器学习方法进行对比，判断两类模型的优势和劣势？

第五章

水污染控制工程课程设计

第一节　污水管道系统设计计算

一、课程设计目的

通过运用课堂所学知识，完成污水管道系统的初步设计计算，以达到巩固基本理论，熟练掌握污水管道系统设计的计算步骤，提高查阅和使用技术资料的能力，了解设计的方法与步骤，进一步使理论与实践相结合等教学要求。

二、课程设计（知识）基础

水力学、水污染控制工程等相关知识基础。

三、课程设计方法步骤

（一）污水设计流量的计算

污水管道系统的设计流量是污水管道及其附属构筑物能保证通过的最大流量。通常以最大日最大时流量作为污水管道系统的设计流量，其单位为 L/s。它包括生活污水设计流量和工业废水设计流量两大部分。就生活污水而言，又可分为居民生活污水、公共设施排水和工业企业生活污水和淋浴污水三部分。

　1. 生活污水设计流量

（1）居民生活污水设计流量。居民生活污水主要来自居住区，它通常按下式计算：

$$Q_1 = \frac{nNK_z}{24 \times 3600} \tag{5-1}$$

式中：Q_1 为居民生活污水设计流量，L/s；n 为居民生活污水量定额，L/（cap·d）；N 为设计人口数，cap；K_z 为生活污水量总变化系数。

　1）居民生活污水量定额。居民生活污水量定额是指在污水管道系统设计时所采用的每人每天所排出的平均污水量。

在确定居民生活污水量定额时，应调查收集当地居住区实际排水量的资料，然后根据该地区给水设计所采用的用水量定额，确定居民生活污水量定额。没有实测的居住区排水量资料时，可按相似地区的排水量资料确定。若这些资料都不易取得，则根据《室外排水设计规范》（GB 50014—2006）的规定，按居民生活用水定额确定污水定额。对给水排水系统完善的地区可按用水定额的 90% 计，一般地区可按用水定额的 80% 计。

2）设计人口数。设计人口数是指污水排水系统设计期限终期的规划人口数，是计算污水设计流量的基本数据。它是根据城市总体规划确定的，在数值上等于人口密度与居住区面积的乘积，即

$$N = \rho F \tag{5-2}$$

式中：N 为设计人口数，cap；ρ 为人口密度，cap/hm^2；F 为居住区面积，hm^2。

人口密度表示人口的分布情况，是指单位面积上居住的人口数。它有总人口密度和街坊人口密度两种形式。总人口密度所用的面积包括街道、公园、运动场、水体等处的面积，而街坊人口密度所用的面积只是街坊内的建筑用地面积。在规划或初步设计时，采用总人口密度；而在技术设计或施工图设计时，则采用街坊人口密度。

设计人口数也可根据城市人口增长率按复利法推算，但实际工程中使用不多。

3）生活污水量总变化系数。流入污水管道的污水量时刻都在变化，其变化程度通常用变化系数表示。变化系数分为日变化系数、时变化系数和总变化系数 3 种。

一年中最大日污水量与平均日污水量的比值称为日变化系数（K_d）；最大日最大时污水量与最大日平均时污水量的比值称为时变化系数（K_h）；最大日最大时污水量与平均日平均时污水量的比值称为总变化系数（K_z）。显然，按上述定义有

$$K_z = K_d K_h \tag{5-3}$$

我国在多年观测资料的基础上，经过综合分析归纳，总结出了总变化系数与平均流量之间的关系式，即

$$K_z = \frac{2.7}{Q^{0.11}} \tag{5-4}$$

式中：Q 为污水平均日流量，L/s。当 $Q < 5L/s$ 时，$K_z = 2.3$；当 $Q > 1000L/s$ 时，$K_z = 1.3$，见表 5-1。设计时也可采用式（5-4）直接计算总变化系数，但比较麻烦。

表 5-1　　　　　　　　　　　　　生活污水量总变化系数

污水平均日流量 /(L/s)	5	15	40	70	100	200	500	≥1000
总变化系数 K_z	2.3	2.0	1.8	1.7	1.6	1.5	1.4	1.3

注　1. 当污水平均日流量为中间数值时，总变化系数用内插法求得。

　　2. 当居住区有实际生活污水量变化资料时，可按实际数据采用。

（2）公共设施排水量。公共设施排水量 Q_2 应根据公共设施的不同性质，按《建筑给水排水设计规范》（GB 50015—2003）的规定进行计算。

（3）工业企业生活污水和淋浴污水设计流量。工业企业的生活污水和淋浴污水主要来自生产区的食堂、卫生间、浴室等，其设计流量的大小与工业企业的性质、污染程度、卫生要求有关。一般按下式进行计算：

$$Q_3 = \frac{A_1 B_1 K_1 + A_2 B_2 K_2}{3600T} + \frac{C_1 D_1 + C_2 D_2}{3600} \tag{5-5}$$

式中：Q_3 为工业企业生活污水和淋浴污水设计流量，L/s；A_1 为一般车间最大班职工人数，cap；B_1 为一般车间职工生活污水量定额，以 $25L/(cap \cdot 班)$ 计；K_1 为一般车间生活污水量时变化系数，以 3.0 计；A_2 为热车间和污染严重车间最大班职工人数，cap；B_2 为热车间和污染严重车间职工生活污水量定额，以 $35L/(cap \cdot 班)$ 计；K_2 为热车间和污染严重车间生活污水量时变化系数，以 2.5 计；C_1 为一般车间最大班使用淋浴的职工人数，cap；D_1 为一般车间的淋浴污水量定额，以 $40L/(cap \cdot 班)$ 计；C_2 为热车间和污染严重车间最大班使用淋浴的职工人数，cap；D_2 为热车间和污染严重车间的淋浴污水量定额，以 $60L/(cap \cdot 班)$ 计；T 为每工作班工作时数，h。

淋浴时间按 60min 计。

2. 工业废水设计流量

工业废水设计流量按下式计算：

$$Q_4 = \frac{mMK_z}{3600T} \tag{5-6}$$

式中：Q_4 为工业废水设计流量，L/s；m 为生产过程中每单位产品的废水量定额，L/单位产品；M 为产品的平均日产量，单位产品/d；T 为每日生产时数，h；K_z 为总变化系数。

3. 城市污水管道系统设计总流量

城市污水管道系统的设计总流量一般采用直接求和的方法进行计算，即直接将上述各项污水设计流量计算结果相加，作为污水管道设计的依据，城市污水管道系统的设计总流量可用下式计算：

$$Q = Q_1 + Q_2 + Q_3 + Q_4 \tag{5-7}$$

设计时也可按综合生活污水量进行计算，综合生活污水设计流量为

$$Q_1' = \frac{n'NK_z}{24 \times 3600} \tag{5-8}$$

式中：Q_1' 为综合生活污水设计流量，L/s；n' 为综合生活污水定额，对给水排水系统完善的地区按综合生活用水定额 90% 计，一般地区按 80% 计；其余符号意义同前。

此时，城市污水管道系统的设计总流量为

$$Q = Q_1' + Q_3 + Q_4 \tag{5-9}$$

（二）污水管段设计流量的计算

污水管道系统的设计总流量计算完毕后，还不能进行管道系统的水力计算。为此还需在管网平面布置图上划分设计管段，确定设计管段的起止点，进而求出各设计管段的设计流量。只有求出设计管段的设计流量，才能进行设计管段的水力计算。

1. 设计管段的划分

在污水管道系统上，为了便于管道的连接，通常在管径改变、敷设坡度改变、管道转向、支管接入、管道交汇的地方设置检查井。对于两个检查井之间的连续管段，如果采用的设计流量不变，且采用同样的管径和坡度，则这样的连续管段就称为设计管段。设计管

段两端的检查井称为设计管段的起止检查井（简称起讫点）。

2. 设计管段的流量确定

如图 5-1 所示，每一设计管段的污水设计流量可能包括以下 3 种流量。

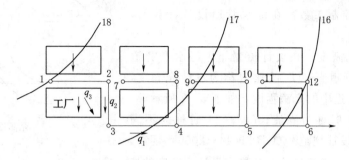

图 5-1　设计管段的设计流量

（1）本段流量 q_1。本段流量是指从本管段沿线街坊流来的污水量。对于某一设计管段而言，它沿管线长度是变化的，即从管段起点为零逐渐增加到终点达到最大。为了方便计算，通常假定本段流量是在起点检查井集中进入设计管段的，它的大小等于本管段服务面积上的全部污水量。一般用下式计算：

$$q_1 = Fq_sK_z \qquad (5-10)$$

式中：q_1 为设计管段的本段流量，L/s；F 为设计管段服务的街坊面积，hm^2；K_z 为生活污水量总变化系数；q_s 为生活污水比流量，$L/(s \cdot hm^2)$。

生活污水比流量可采用下式计算：

$$q_s = \frac{n\rho}{24 \times 3600} \qquad (5-11)$$

式中：n 为生活污水定额或综合生活污水定额，$L/(cap \cdot d)$；ρ 为人口密度，cap/hm^2。

（2）转输流量 q_2。转输流量是指从上游管段和旁侧管段流来的污水量。对某一设计管段而言，它是不发生变化的，但不同的设计管段，可能有不同的转输流量。

（3）集中流量 q_3。集中流量是指从工业企业或其他大型公共设施流来的污水量。对某一设计管段而言，它也不发生变化。

设计管段的设计流量是上述本段流量、转输流量和集中流量三者之和。

（三）污水管道的水力计算

1. 污水管道中污水流动的特点

污水在管道内依靠管道两端的水面高差从高处流向低处，是不承受压力的，即为重力流。

污水中含有一定数量的悬浮物，它们有的漂浮于水面，有的悬浮于水中，有的则沉积在管底内壁上，这与清水的流动有所差别。但污水中的水分一般在 99% 以上，所含悬浮物很少，可认为污水的流动遵循一般流体流动的规律，工程设计时仍按水力学公式计算。

污水在管道中的流速随时都在变化，但在直线管段上，当流量没有很大变化又无沉淀物时，可认为污水的流动接近均匀流。设计时对每一设计管段都按均匀流公式进行计算。

2. 污水管道水力计算的设计参数

为保证污水管道的正常运行，《室外排水设计规范》（GB 50014—2006）中综合考虑这些因素，提出了如下的计算控制参数，在污水管道设计计算时，一般应予以遵守。

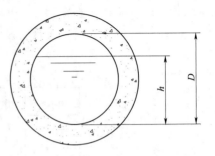

（1）设计充满度。在设计流量下，污水在管道中的水深 h 与管道直径 D 的比值称为设计充满度，它表示污水在管道中的充满程度，如图 5-2 所示。

当 $h/D=1$ 时称为满流；$h/D<1$ 时称为不满流。《室外排水设计规范》（GB 50014—2006）规定，

图 5-2　充满度示意图

污水管道按不满流进行设计，其最大设计充满度的规定见表 5-2。

表 5-2　　　　　　　　　　　最　大　设　计　充　满　度

管径（D）或暗渠高 （H）	最大设计充满度 （h/D 或 h/H）	管径（D）或暗渠高 （H）	最大设计充满度 （h/D 或 h/H）
200～300	0.60	500～900	0.75
350～450	0.70	≥1000	0.80

注　在计算污水管道充满度时，不包括淋浴或短时间内突然增加的污水量，但当管径小于或等于300mm 时，应按满流复核。

这样规定的原因如下：

1）污水流量时刻在变化，很难精确计算，而且雨水可能通过检查井盖上的孔口流入，地下水也可能通过管道接口渗入污水管道。因此，有必要预留一部分管道断面，为未预见水量的介入留出空间，避免污水溢出妨碍环境卫生，同时使渗入的地下水能够顺利流泄。

2）污水管道内沉积的污泥可能分解析出一些有害气体（如 CH_4、H_2S 等）。此外，污水中如含有汽油、苯、石油等易燃液体时，可能产生爆炸性气体。故需留出适当的空间，以利管道的通风，及时排除有害气体及易爆气体。

3）便于管道的清通和养护管理。

表 5-2 所列的最大设计充满度是设计污水管道时所采用的充满度的最大限值，在进行污水管道的水力计算时，所选用的充满度不应大于表中规定的数值。但为了节约投资，合理地利用管道断面，选用的设计充满度也不应过小。为此，在设计过程中还应考虑最小设计充满度作为设计充满度的下限值。根据经验各种管径的最小设计充满度不宜小于0.25。一般情况下设计充满度最好不小于 0.5，对于管径较大的管道设计充满度以接近最大限值为好。

对于明渠，设计规范规定设计超高（即渠中水面到渠顶的高度）不小于 0.2m。

（2）设计流速。与设计流量、设计充满度相对应的水流平均速度称为设计流速。设计流速过小，污水流动缓慢，其中的悬浮物则易于沉淀淤积；反之，污水流速过高，虽然悬浮物不宜沉淀淤积，但可能会对管壁产生冲刷，甚至损坏管道使其寿命降低。为了防止管道内产生沉淀淤积或管壁遭受冲刷，《室外排水设计规范》规定了污水管道的最小设计流

速和最大设计流速。污水管道的设计流速应在最小设计流速和最大设计流速范围内。

最小设计流速是保证管道内不致发生沉淀淤积的流速。污水管道在设计充满度下的最小设计流速为 0.6m/s。含有金属、矿物固体或重油杂质的生产污水管道，其最小设计流速宜适当加大，明渠的最小设计流速为 0.4m/s。

最大设计流速是保证管道不被冲刷损坏的流速。该值与管道材料有关，通常金属管道的最大设计流速为 10m/s，非金属管道的最大设计流速为 5m/s。

（3）最小设计坡度。《室外排水设计规范》（GB 50014—2006）规定，管径为 200mm 时，最小设计坡度为 0.004；管径为 300mm 时，最小设计坡度为 0.003。

（4）最小管径。《室外排水设计规范》（GB 50014—2006）规定，污水管道在街坊和厂区内的最小管径为 200mm，在街道下的最小管径为 300mm。

3. 污水管道水力计算的步骤

污水管道设计方法和步骤如下：

（1）在街坊平面图上布置污水管道。

（2）街坊编号并计算其面积。

（3）划分设计管段，计算设计流量。

（4）水力计算。

（5）绘制管道的平面图和纵剖面图。

四、注意事项

（1）在进行管道水力计算时，要注意应自上游依次向下游进行，管径依次增大，流速依次增大。

（2）必须细致研究管道敷设坡度与管线经过地段的地面坡度之间的关系，使确定的管道敷设坡度，在满足最小设计流速要求的前提下，既不使管道的埋深过大，又便于旁侧支管顺畅接入。

（3）在地面坡度过大的地区，为了减小管内水流速度，防止管壁遭受冲刷，管道坡度往往需要小于地面坡度。

（4）为保证水力计算结果的正确可靠，同时便于参照地面坡度确定管道坡度和检查管道间衔接的标高是否合适等，在水力计算的同时应尽量绘制管道的纵剖面草图。在草图上标出所需要的各个标高，以使管道水力计算正确、衔接合理。

五、思考题

（1）污水管道系统设计的步骤有哪些？

（2）污水管道水力计算的原则是什么？

第二节 雨水渠道系统设计

一、课程设计目的

（1）培养学生综合运用所学水污染工程相关知识，分析和解决水文工程技术问题的能力。

（2）通过课程设计实践，训练并提高学生分析问题、解决问题的能力。

（3）通过运用课堂所学知识，完成雨水渠道系统的初步设计计算，巩固基本理论。

（4）熟练掌握系统设计的计算步骤，提高查阅和使用技术资料的能力。

二、课程设计（知识）基础

水污染控制、环境工程制图、水文学原理等相关知识。

三、课程设计方法步骤

（一）雨水径流量的计算

1. 雨量参数

用降雨量、强度、历时、频率和重现期等参数，分析雨的特征。

（1）阵雨历时和降雨历时。一场暴雨经历的整个时段称阵雨历时，阵雨过程中任一连续的时段称降雨历时。阵雨历时和降雨历时常用分钟计算。

（2）降雨量和降雨强度。降雨量是一段时间（日、月、年）内降落在某一面积上的总水量，可用深度 h（mm）表示，也可以用 $1hm^2$ 面积上的降水立方米，即 m^3/hm^2 表示。历史上出现的最大日或最大 24h 降雨量对城镇雨水管道设计具有参考价值。

降雨强度又称雨率，指在某一降雨历时（如 10min、20min、30min）内的平均降雨量。它有两种表示，是排水工程中常用的参数。

$$i = \frac{h}{t}(\text{mm/min}) \tag{5-12}$$

$$q = Ki = 166.7i[\text{L/(s}\cdot\text{hm}^2)] \tag{5-13}$$

式中：K 为单位换算系数，其值为

$$K = \frac{1 \times 10000 \times 1000}{1000 \times 60} = 166.7 \approx 167$$

（3）降雨强度的频率或重现期。通常称单位时间内某种事件出现的次数（或百分率）为频率。在水文统计上，也用频率反映水文事件出现的频繁情况，但工程上更常用重现期为参数。

雨水管道的汇水面积不大，通常属于小汇水面积（<100km²）的范畴，雨水管道设计流量一般采用推理公式计算：

$$Q_s = K\psi iA = \psi qA \tag{5-14}$$

式中：Q_s 为雨水管道的设计流量，L/s；A 为排水面积，hm²；i 为降雨强度，mm/min；q 为降雨强度，L/(s·hm²)；K 为单位换算系数，约等于 167；ψ 为径流系数，其值小于 1。

（4）雨水管道设计流量的估算。运用推理公式计算设计流量时，先要确定 A 和 i 或 q。

设计降雨强度的确定：有了各地的自动雨量记录资料，就可以采用数理统计方法计算确定降雨强度公式。当自动雨量记录资料少于 20 年时，可以采用"年多个样法"；当自动雨量记录资料大于 20 年时，可采用"年最大值法"统计。

采用"年多个样法"计算确定降雨强度公式：

1) 降雨分析。雨水从落地点流到雨水口有一段时间，流到设计管段又有一段时间。同一瞬间降落到某一排水面积 A 上各点的雨水，不可能同时流到设计管段。推理公式中采用的降雨强度 i 应当与排水面积 A 的集水时间 t（最远一点的雨水流到设计管段的时间）相应，如果 t 是 10min，i 应是历时为 10min 的最大平均降雨强度。

2) 一个自记雨量计降雨记录的整理——雨量曲线和雨量公式。具体步骤如下：

① 分析每一年的记录。从一年中自记雨量计记录到的降雨中，选择较大的几个降雨（丰水年多选几个，旱年少选几个）进行分析并汇总。

② 整理每一年的降雨分析汇总表。将降雨深度按照大小顺序进行整理，并取最大的 3～5 组数据（丰水年多选几组，旱年少选几组）列表。

③ 编制降雨分析整理成果表和绘制雨量曲线。汇总各年降雨分析整理表，重新按大小排列降雨深度，然后选出几组典型数据，并把降雨深度化为降雨强度列表。这几组数据可以绘制成一组雨量曲线，也可以整理成一个雨量公式，供设计雨水管道时选用。

采用"年最大值法"计算确定降雨强度公式："年最大值法"的选样方法类似于"年多个样法"。各地气象局通过自动雨量记录（纸）资料的分析，统计出每年不同时段的降雨强度，按大小顺序列表，供各有关部门选择应用。

频率分布计算：为了使统计出的雨量公式精度较为可靠，通常需要进行频率分布计算，并且降雨数据一般要求不少于 30～40 年的逐年连续资料，以近年资料更佳。

频率分布计算是制定雨量公式的核心。经研究，我国"年最大值法"的选样资料，采用耿贝尔分布或指数分布模型拟合最好，抽样误差很小，统计方法简易。

3) 雨量公式统计：由所定的频率分布模型计算出统计雨量公式用的频率-强度-历时计算表，表中所用重现期为 100 年、50 年、30 年、20 年、10 年、5 年、2 年，相对应的强度与历时（5min、10min、15min、20min、30min、45min、60min、90min、120min），再由该表制定雨量公式。

2. 设计降雨历时的确定

设计降雨历时的公式如下：

$$t = t_1 + t_2 \tag{5-15}$$

$$t_2 = \sum \frac{L}{v \times 60} \tag{5-16}$$

式中：t 为设计降雨历时（排水面积的集水时间），min；t_1 为地面集水时间，min；t_2 为在管道中流行的时间，min；L 为集水点上游各管段的长度，m；v 为相应各管段的设计流速，m/s。

这里顺便指出，应用推理公式计算设计流量时应予注意的几方面。以图 5-3 所示的管道为例，各管段设计流量如下。

$Q_{s,1-2} = \psi_1 i_1 A_1$，$i_1$ 与 A_1 的集水时间 t_1 相应；

$Q_{s,2-3} = (\psi_1 A_1 + \psi_2 A_2) i_2$，$i_2$ 与 $A_1 + A_2$ 的集水时间 t_2 相应；

$Q_{s,3-4} = (\psi_1 A_1 + \psi_2 A_2 + \psi_3 A_3) i_3$，$i_3$ 与 $A_1 + A_2 + A_3$ 的集水时间 t_3 相应。

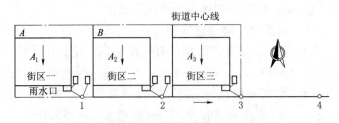

图 5-3　雨水排除情况示意图

3. 设计重现期的确定

(1) 雨水管渠设计重现期的确定。设计雨水管道，确定设计降雨强度时，常选用重现期较短的当地降雨强度。重现期选用长些（10 年、5 年）还是短些（3 年、2 年），主要看管道溢流、地区积水将造成的危害（通常是经济损失）程度，其次是施工费用。

(2) 内涝防治设计重现期的确定。根据内涝防治设计重现期校核地面积水排除能力，当校核结果不符合要求时，应当调整设计，包括放大管径、增设渗透设施、建设调蓄池、内河整治以及非工程性措施在内的综合应对措施。

4. 径流系数的确定

影响径流系数的主要因素是地面的透水性和坡度。其次，降雨情况也有影响，久雨和暴雨都会提高径流系数。透水性相同的地面，坡度平缓的比坡度较大的雨水径流量要小得多。排水面积的径流系数常采用面积内各类地面的径流系数的加权（相应的面积百分比）平均值。

5. 降低设计流量的尝试

鉴于西方设计偏于安全，尚有潜力可挖，在降低雨水管道管径上有过多种尝试，包括集水时间的修正、自由容积的利用和压力流的利用等。

按照式 (5-16) 计算 t_2 时采用的 v 是设计流速，而实际上流速是渐变的，采用 v 是最高值，所以计算值 t_2 比实际的集水时间短了，通过研究后在计算值上乘以 1.2（延缓系数）。在同一场降雨中，各管段的"洪峰"不会同时出现，上游管段是有空间可以利用的。研究认为在计算集流时间时可将 t_2 再乘上一个系数（称容积利用系数），把系数 1.2 换成 2.2 被称为折减系数。

但是鉴于近年来许多城市反映暴雨时地面积水严重的情况，《室外排水设计规范》(GB 50014—2006) 建议取消折减系数，计算集水时间时应采用 $t = t_1 + t_2$，即集水时间＝地面集水时间＋管道中流行的时间。

（二）雨水渠道的设计

开始设计前，应对当地的雨量资料、地形地貌和历年降雨情况都有所了解。

1. 雨水管渠设计的原则

(1) 尽量利用池塘、河浜受纳地面径流，最大限度地减少雨水管道的设置。受纳水体周围的地面径流可直接借地面排入水体。

(2) 利用地形，就近排入地面水体。雨水径流的水质与地面情况有关，初期径流的污染较大。雨水管渠应充分利用地形，就近排放地面水体，以降低造价。

(3) 考虑采用明渠，明渠造价低。在建筑物密度较高、交通繁忙的地区，可以采用加盖明渠。

（4）尽量避免设置雨水泵站。雨水泵站的投资很大，用电量也很大，可能冲击正常用电。受纳水体水位接近岸边时，采用明渠有可能避免设置泵站。受纳水体受潮汐影响，水位不时高出岸面时，才考虑设置泵站；这时应设旁道，供水位不高时排水。

2. 雨水管渠系统的平面布置

（1）雨水管渠的平面布置，应根据城镇规划和建设情况，考虑利用河湖水体与洼地调蓄雨水，把地形条件、地下水位以及原有的和规划的地下设施、施工条件等因素综合考虑，合理布置，分期建设，逐步完善。

（2）在平坦地区，干管应设在流域的中部，以减少两侧支管长度，避免干管埋深过大，增加造价；在陡坡地区，为避免因管道坡度太陡而设跌水检查井等特殊构筑物，使干管与等高线斜交，以适当减小干管坡度。

管渠定线还需注意设在地质良好、沿线特殊构筑物较少的地段，使施工简易，降低造价，也便于养护。

（3）雨水管渠常沿道路铺设，设在道路中线的一侧，与道路相平行，尽量在快车道以外。雨水口的设置位置，要配合道路边沟，在道路交叉口处，雨水不应漫过路面。

3. 雨水管渠水力设计的准则

（1）管道按满流设计，明渠应留超高，不小于 0.2m。

（2）最小设计流速为 0.75m/s，明渠为 0.4m/s。

（3）管道可不考虑最大流速，明渠的最大流速可按表 5-3 采用。

表 5-3　　　　　　明 渠 最 大 设 计 流 速

渠壁材料	最大设计流速/(m/s)	渠壁材料	最大设计流速/(m/s)
粗沙或低塑性粉黏土	0.8	草皮护面	1.6
沙质黏土	1.0	干砌块面	2.0
黏土	1.2	浆砌块石或浆砌砖	3.0
石灰岩和中砂岩	4.0	混凝土	4.0

（4）最小管径采用 300mm，塑料管最小坡度为 0.002，其他管最小坡度为 0.003；雨水口连接管管径为 200~300mm，最小坡度为 0.01。

（5）管道流速公式：

$$v = \frac{1}{n} R^{\frac{2}{3}} I^{\frac{1}{2}} \qquad (5-17)$$

式中：v 为流速；I 为水力坡度；R 为管道水力半径；n 为管壁粗糙系数。

（6）管段衔接一般用管顶平接，当条件不利时也可用管底平接。

（7）最小覆土厚度，在车行道下时，一般不小于 0.7m，基础应设在冰冻线以下。

4. 设计步骤

（1）划分流域与管渠定线。根据地形的分水线和铁路、公路、河道的具体情况，划分排水流域，进行管渠定线，确定雨水流向。

（2）划分设计管段与沿线汇水面积。雨水管道设计一般以 100~200m 为一段。沿线汇水面积的划分，要根据当地地形条件。当地形平坦时，则根据就近排除的原则，把汇水面积按周围管道的布置用角等分线划分；当地面有坡度时，则按雨水向低处流的原则划分。

(3) 确定雨量参数的设计值。包括径流系数、重现期和地面集水时间等。

(4) 确定管道的最小埋深。

(5) 进行水力计算。确定各设计管段的管径、坡度、管底高程和管道埋深。

5. 雨水管道平面图的绘制

管道平面图是管道设计的主要图纸。在初步设计阶段，将计算所得数据加注在管道系统平面布置图上即可。在施工图设计阶段，必须画出完整的管道平面图。在平面图上除反映初步设计要求之外，还应标明检查井的具体位置，可能与施工有关的地面建筑物，其他地下管线及地下建筑物的位置，管线图例及施工说明等，施工图设计阶段平面图比例尺常采用 1:500～1:2000。

四、注意事项

(1) 雨水渠道设计与污水渠道设计有许多相似的地方，要格外注意不同点。

(2) 在具体应用中要注意理论与实践相结合的问题，体悟课本所学知识的实际操作。

五、思考题

(1) 暴雨公式中的 t 与推理公式中的 t 如何联系？

(2) 降雨分析中各历时强度的选择与推理公式有何关系？

(3) 为什么街坊内部的雨水出流一般应视作均布流入街道雨水管中？

第三节　合流制管渠系统设计

一、课程设计目的

合流制是用同一个管渠系统收集和输送污废水的排水方式。合流制管网在城镇排水管网中占有较高比例，对城镇污水处理有显著影响。了解掌握合流制管渠系统的设计计算对水利工程建设、水污染控制工程等都具有重要的意义。

二、课程设计（知识）基础

水力学、水污染控制工程等知识基础。

三、课程设计方法步骤

1. 合流管道系统的适用条件与布置特点

在实践中，合流管道系统有两种类型：①全部污水不经处理直接排入水体；②具有截流管道，在截留管道上设溢流井，当水量超过截流能力时，超过的水量通过溢流井泄入水体，被截流的雨污混合水进污水处理厂处理。

第一种合流管道系统，根据环境保护有关规定已不容许采用；第二种截流式合流管道系统尚在应用。

截流式合流管道与分流制系统相比，在管渠系统造价上投资较省，管道养护也较简单，地下管线可减少，也不存在雨水管与污水管的误接问题，但合流制污水处理厂的造价比分流制污水处理厂高，处理厂养护也较复杂。

在环境保护方面，截流式合流管道可截流小部分初雨径流，但周期性地把生活污水、工业废水泄入城区内的水体，造成环境污染，特别是因晴天时合流管道内充满度低，水力条件差，管内易产生淤积，在雨天时，管内的淤积将被雨水冲入水体，给环境带来严重污染。

排水体制的选择，应根据城镇的总体规划、环境保护要求、水环境容量、水体综合利用情况、地形条件以及城镇发展远景等因素综合考虑确定。

截流式合流关系的布置原则，应使雨水及早溢入水体，以降低下游干管的设计流量。当溢流井距离排放水体较近，且溢流井不受高水位倒灌影响时，为降低截流管道的截流量、节省管道投资，原则上宜多设溢流井。当溢流井受高水位倒灌影响时，宜减少溢流井数量，并在溢流管道上设潮门或橡胶鸭嘴阀，必要时设泵站排水。

溢流井的位置，通常在干管与截流管道的交汇处。溢流井的设置应征询环境保护部门与航道部门的意见。

2. 截流式合流管道的水力计算

(1) 设计流量。合流管道的设计流量由生活污水量、工业废水量和雨水量三部分组成。《室外排水设计规范》（GB 50014—2006）规定合流管道中生活污水量按平均流量计算，即总变化系数用1。工业废水量用最大生产班内的平均流量计算。雨水量在溢流井上游的管段按最大径流量计算，不考虑管道容量的调蓄作用；在溢流井下游管段按截流的雨水量计算。

(2) 设计充满度。按设计流量满流计算。

(3) 设计最小流速。合流管道（满流时）设计最小流速为0.75m/s。鉴于合流管道晴天时管内的充满度很低，流速很小，容易产生淤积，为了改善旱流的水力条件，需校核旱流时管内的流速。

(4) 设计重现期。因为合流管道溢流的混合污水挟有生活污水，所造成的环境影响不同于雨水溢流，所以合流管道所用的设计重现期，应比同一情况下的雨水管道设计适当提高。

(5) 截流倍数 n_0。截流倍数指合流管道溢流井开始溢流时截流管道所截流的雨水量与旱流污水量之比。截流倍数应根据旱流污水水质水量、水体的卫生要求、自净能力等因素确定，《室外排水设计规范》（GB 50014—2006）建议 $n_0 = 2 \sim 5$，并须经当地环境保护部门同意。同一排水系统中可采用不同截流倍数。

3. 截流式合流管道的设计流量

(1) 第一个溢流井上游管道的设计流量。在第一个溢流井上游，合流管道系统任一段（如图5-4中的管段①-②）的设计流量 Q 为

$$Q = \bar{Q}_d + \bar{Q}_m + Q_s = Q_{dr} + Q_s \tag{5-18}$$

式中：$\bar{Q}_d$ 为平均生活污水量，L/s；$\bar{Q}_m$ 为工业废水的平均最大班流量，L/s；Q_s 为设计

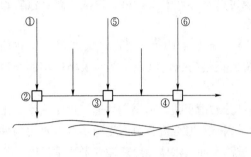

图 5-4　截流式合流管道

雨水径流量，L/s；Q_{dr} 为旱流污水量，$Q_{dr} = \bar{Q}_d + \bar{Q}_m$，L/s。

（2）溢流井下游管道的设计流量。合流管道溢流井下游管道的设计流量 Q'，包括旱流污水量 Q_{dr}（按上述方法计算）及未溢流的设计雨水量（按上游旱流污水量的倍数 n_0 计），此外，还需计入溢流井以后的旱流污水流量 Q'_{dr} 和溢流井以后汇水面积的设计雨水径流量 Q'_s。

$$Q' = (n_0 + 1)Q_{dr} + Q'_{dr} + Q'_s \qquad (5-19)$$

（3）溢流井水力设计。截流式合流管道上的溢流井，是合流管道系统上的重要构筑物（图 5-5）。最常见的溢流井是在井中设溢流堰，堰顶的高度根据所需的截流量水位确定，堰的长度计算公式为

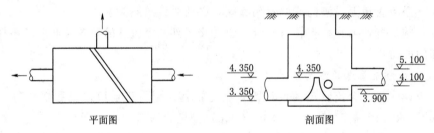

平面图　　　　　　　　　剖面图

图 5-5　溢流井示意图

$$L = \frac{Q}{1.8H^{\frac{3}{2}}} \qquad (5-20)$$

式中：Q 为溢流量，m^3/s；H 为堰上水深，m；L 为堰长，m。

四、注意事项

（1）设计充满度需要按照设计流量满流计算。

（2）对于同一个排水系统，可以采用不同的截流倍数。

五、思考题

（1）合流系统溢流井上、下游的设计流量计算有何不同？

（2）合流系统有何优缺点？适用场合和布置特点如何？

第四节　污水的厌氧生物处理

一、课程设计目的

（1）培养学生综合运用所学水环境化学、水污染控制工程等学科知识，分析和解决水

环境污染工程技术问题的能力。

（2）加深对厌氧、好氧生物处理方法的掌握，学习体会两种方法的综合运用。

（3）掌握厌氧生物处理的基本原理，了解厌氧生物处理的处理工艺。

二、课程设计（知识）基础

环境微生物学、水污染控制工程、水环境化学等相关学科基础。

三、课程设计方法步骤

（一）污水厌氧生物处理的基本原理

1. 厌氧消化的机理

1979 年，布赖恩特（Bryant）根据对产甲烷菌和产氢产乙酸菌的研究结果，提出了三阶段理论（图 5-6）。

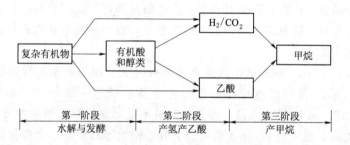

图 5-6 三阶段厌氧消化过程示意图

第一阶段为水解与发酵阶段。在该阶段，复杂的有机物在厌氧菌胞外酶的作用下，首先被分解成简单的有机物，如纤维素经水解转化成较简单的糖类。继而这些简单的有机物在产酸菌的作用下经过厌氧发酵和氧化转化成乙酸、丙酸、丁酸等脂肪酸和醇类等。参与这个阶段的水解发酵菌主要是专性厌氧菌和兼性厌氧菌。

第二阶段为产氢产乙酸阶段。在该阶段，产氢产乙酸菌把除乙酸、甲烷、甲醇以外的第一阶段产生的中间产物，如丙酸、丁酸等脂肪酸和醇类转化成乙酸和氢，并有 CO_2 产生。

第三阶段为产甲烷阶段。在该阶段中，产甲烷菌把第一阶段和第二阶段产生的乙酸、H_2 和 CO_2 等转化为甲烷。

2. 厌氧消化的影响因素

（1）pH 值。产甲烷菌适宜的 pH 值应为 6.8～7.2。污水和泥液中的碱度有缓冲作用，如果有足够的碱中和有机酸，其 pH 值有可能维持在 6.8 之上，酸化和甲烷化两大类细菌就有可能共存，从而消除分阶段现象。此外，消化池池液的充分混合对调整 pH 值也是必要的。

（2）温度。从液温看，消化可在中温（35～38℃）进行（称中温消化），也可在高温（52～55℃）进行（称高温消化）。中温消化的消化时间（产气量达到总量 90% 所需时间）约为 20d，高温消化的消化时间约为 10d。因中温消化的温度与人体温度接近，故对寄生虫卵及大肠菌的杀灭率较低，高温消化对寄生虫卵的杀灭率可达 99%，但高温消化需要的热量比中温消化要高很多。

（3）生物固体停留时间（污泥龄）。厌氧消化的效果与污泥龄有直接关系，污泥龄的表达式为

$$\theta_c = \frac{m_t}{\phi_e} \tag{5-21}$$

其中

$$\phi_e = \frac{m_e}{t}$$

式中：θ_c 为污泥龄（SRT），d；m_t 为消化池内的总生物量，kg；ϕ_e 为消化池每日排出的生物量；m_e 为排出消化池的总生物量，kg；t 为排泥时间，d。

普通厌氧消化池的水力停留时间等于污泥龄。由于产甲烷菌的增殖速率较慢，对环境条件的变化十分敏感。因此，要获得稳定的处理效果就需要保持较长的污泥龄。

（4）搅拌和混合。厌氧消化是由细菌体的内酶和外酶与底物进行的接触反应。因此，必须使两者充分混合。此外，有研究表明，产乙酸菌和产甲烷菌之间存在着严格的共生关系。这种共生关系对于厌氧工艺的改进有实际意义，但如果在系统内进行连续的剧烈搅拌则会破坏这种共生关系。

（5）营养与 C/N 比。基质的组成也直接影响厌氧处理的效率和微生物的增长，但与好氧法相比，厌氧处理对污水中 N、P 的含量要求低。一般而言，要求 C/N 比达到（10～20）:1 为宜。如 C/N 比太高，细胞的氮量不足，消化液的缓冲能力低，pH 值容易降低；C/N 比太低，氮量过多，pH 值可能上升，铵盐容易积累，会抑制消化进程。

（6）有毒物质。

1）重金属离子。重金属离子对甲烷消化的抑制有两个方面：①与酶结合，产生变形物质，使酶的作用消失；②重金属离子及氢氧化物的絮凝作用，使酶沉淀。

2）H_2S。当有机废水中含有硫酸盐等含硫化合物时，在厌氧条件下会产生硫酸盐还原作用，硫酸盐还原菌利用 SO_4^{2-} 和 SO_3^{2-} 作为最终电子受体，参与有机物的分解代谢，将乳酸、丙酮酸和乙醇转化为 H_2、CO_2 和乙酸，同时也以乙酸和 H_2 为基质，与产甲烷菌竞争基质，而还原 SO_4^{2-} 和 SO_3^{2-} 产生的 H_2S 对产甲烷菌有毒害作用。因此，当厌氧处理系统中 SO_4^{2-} 和 SO_3^{2-} 浓度过高时，产甲烷过程就会受到抑制。消化气中 CO_2 成分提高，并含有较多的 H_2S。H_2S 的存在降低消化气的质量并腐蚀金属设备（管道、锅炉等），其对产甲烷菌的毒害作用更进一步影响整个系统的正常作业。

3）氨。当有机酸积累时，pH 值降低，此时 NH_3 转变为 NH_4^+，当 NH_4^+ 浓度超过150mg/L 时，消化受到抑制。

（二）污水的厌氧生物处理工艺

1. 化粪池

化粪池用于处理来自厕所的粪便污水，曾广泛用于不设污水处理厂的合流制排水系统，尚可用于郊区的别墅式建筑。

图 5-7 所示为化粪池的一种构造方式。首先，污水进入第一室，水中悬浮固体或沉于池底，或浮于池面；池水一般分为三层，上层为浮渣层，下层为污泥层，中间为水流。然后，污水进入第二室，而底泥和浮渣则被第一室截留，达到初步净化的目的。污水在池

内的停留时间一般为 12～24h。污泥在池内进行厌氧消化，一般半年左右清除一次。出水不能直接排入水体。常在绿地下设渗水系统，排除化粪池出水。

作为改进型，现在有了两室、三室的化粪池，对污水中的有机物也有一定的降解作用。

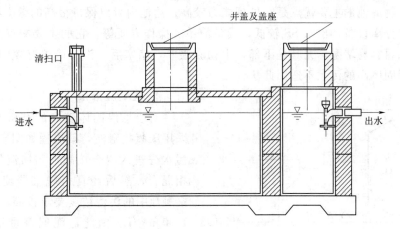

图 5-7　化粪池的一种构造方式

2. 普通厌氧消化池

普通厌氧消化池如图 5-8 所示，是一个完全混合的厌氧过程，它没有污泥回流，其特点是水力停留时间和固体停留时间相同，适合于处理高浓度的有机废水或含悬浮固体高的废水。为了保证有稳定的厌氧产甲烷环境、满意的处理效果和沼气产量，通常水力停留时间达到 15～30d。为了提高消化效果，池子里设置机械搅拌或沼气搅拌，根据处理废水的生物可降解性不同，有机负荷在 $1.0～5.0kgCOD/(m^3 \cdot d)$。

3. 厌氧生物滤池

厌氧生物滤池是密封的水池，池内放置滤料，如图 5-9 所示，污水从池底进入，从池顶排出。微生物附着生长在滤料上，平均停留时间可长达 100d 左右。滤料可采用拳状石质滤料，如碎石、卵石等，粒径在 40mm 左右，也可使用塑料填料。塑料填料具有较高的孔隙率，质量也轻，但价格较高。

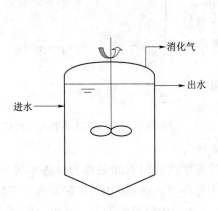

图 5-8　普通厌氧消化池

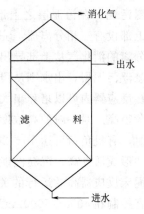

图 5-9　厌氧生物滤池

根据对一些有机污水的试验结果，当温度在 25～35℃ 时，在使用拳状石质滤料时，有机负荷可达到 36kgCOD/(m³·d)；在使用塑料填料时，有机负荷可达到 3～10kgCOD/(m³·d)。

厌氧生物滤池的主要优点是：处理能力较高；滤池内可以保持很高的微生物浓度；不需另设泥水分离设备，出水 SS 较低；设备简单、操作方便等。它的主要缺点是：滤料费用较高；滤料容易堵塞，尤其是下部，生物膜很厚，堵塞后，没有简单有效的清洗方法。因此，悬浮固体高的污水不适用此法。

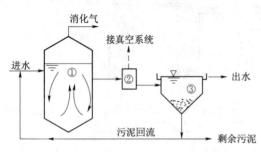

图 5-10　厌氧接触法的流程
①—混合接触池；②—真空脱气器；③—沉淀池

4. 厌氧接触法

对于悬浮固体较高的有机污水，可以采用厌氧接触法，其流程如图 5-10 所示。污水先进入混合接触池与回流的厌氧污泥相混合，然后经真空脱气器流入沉淀池。接触池中的污泥浓度要求很高，在 12000～15000mg/L，因此污泥回流量很大，一般是污水流量的 2～3 倍。

厌氧接触法的优点是：由于污泥回流，厌氧反应器内能够维持较高的污泥浓度，大大降低了水力停留时间，并使反应器具有一定的耐冲击负荷能力。其缺点是：从厌氧反应器排出的混合液中的污泥附着大量气泡，在沉淀池中易于上浮到水面而被出水带走。此外，进入沉淀池的污泥仍有产甲烷菌在活动，并产生沼气，使已沉淀的污泥上翻，固液分离效果不佳，回流污泥浓度因此降低，影响反应器内污泥浓度的提高。

5. 升流式厌氧污泥床反应器

如图 5-11 所示，污水自下而上地通过厌氧污泥床反应器。在反应器的底部有一个高浓度（可达 60～80g/L）、高活性的污泥层，大部分的有机物在这里被转化为 CH_4 和 CO_2。由于气态产物（消化气）的搅动和气泡黏附污泥，在污泥层之上形成一个悬浮污泥层。反应器的上部设有三相分离器，完成气、液、固三相的分离。被分离的消化气从上部导出，被分离的污泥则自动滑落到悬浮污泥层，出水则从澄清区流出。

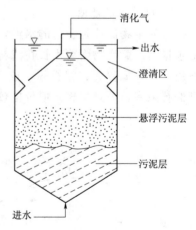

图 5-11　升流式厌氧污泥床反应器

由于在反应器内可以培养出大量厌氧颗粒污泥，反应器的负荷很高。对一般的高浓度有机污水，当水温在 30℃ 左右时，有机负荷可达 10～20kgCOD/(m³·d)。

培养和形成活性高、沉淀性能好的颗粒污泥是升流式厌氧污泥床反应器高效运行的关键。影响颗粒污泥生成的因素和条件为：进水的 COD 浓度一般宜控制在 4000～5000mg/L，进水中 SS 不宜高于 2000mg/L，控制有毒有害物质的浓度，其中氨氮浓度控制在 1000mg/L 以下，太高会产生明显的抑制。其中对厌氧产甲烷影响大的是水中的硫酸盐含量，一方面硫酸盐还原菌与产甲烷菌竞争基质，另一方面是硫酸根还原产生未离解态的硫化氢对微生物毒性很大，研究表明 COD/SO_4^{2-} 比值大于 10 时厌氧反应器可以很好地运行。此外升流式厌氧污泥床反应器碱度的正常范围在 1000～5000mg/L，挥发酸须小于 200mg/L。

（三）厌氧生物处理法的设计计算

厌氧生物处理系统的设计包括：流程和设备的选择，反应器、构筑物的构造和容积的确定，需热量的计算和搅拌设备的设计等。

1. 流程和设备的选择

流程和设备的选择包括：处理工艺和设备的选择、消化温度、采用单级或两级（段）消化等。表 5-4 列举了几种厌氧处理方法的一般性特点和优缺点，可供工艺选择时参考。

表 5-4　　　　　　　　　几种厌氧处理方法的一般性特点和优缺点

方法或反应器	特　点	优　点	缺　点
传统消化法	在一个消化池内进行酸化、甲烷化和固液分离	设备简单	反应时间长，池容积大；污泥易随水流带走
厌氧生物滤池	微生物固着生长在滤料表面，适用于悬浮固体低的污水	设备简单，能承受较高负荷，出水悬浮固体含量低，能耗小	底部易发生堵塞，滤料费用较高
厌氧接触法	用沉淀池分离污泥并进行回流，消化池中进行适当搅拌，池内呈完全混合，能适应高有机物浓度和高悬浮固体的污水	能承受较高负荷，有一定抗冲击负荷能力，运行较稳定，不受进水悬浮固体含量的影响；出水悬浮固体含量低	负荷高时污泥会流失；设备较多，操作要求较高
升流式厌氧污泥床反应器	消化和固液分离在一个池内，微生物量很高	负荷高；总容积小；能耗低，不需搅拌	如设计不善，污泥会大量流失；池的构造复杂
两相厌氧处理法	酸化和甲烷化在两个反应器进行，两个反应器内可以采用不同反应温度	能承受较高负荷，耐冲击，运行稳定	设备较多，运行操作比较复杂

2. 厌氧反应器的设计

整个厌氧反应的总速率主要取决于甲烷化阶段的速率。但是在一般的单级完全混合反应器中，各类细菌是混合生长、相互协调的，酸化过程和甲烷化过程同时存在，因此在进行厌氧过程的动力学分析时，也可以将反应器作为一个系统统一进行分析。

反应器的设计可以在模型试验的基础上，按照所得的参数值进行计算，也可以按照类似污水的经验值选择采用。

计算确定反应器容积的常用参数是负荷 L 和消化时间 t，其计算公式为

$$V = Qt \tag{5-22}$$

$$V = \frac{QS_0}{L} \tag{5-23}$$

式中：V 为反应（消化）区的容积，m^3；Q 为污水的设计流量，m^3/d；t 为消化时间，d；S_0 为污水有机物的浓度，$gBOD_5/L$ 或 $gCOD/L$；L 为反应区的设计负荷，$kgBOD_5/(m^3 \cdot d)$ 或 $kgCOD/(m^3 \cdot d)$。

在设计升流式厌氧污泥床反应器的时候，通常上部有一个气体的储存空间（通常在2.5～3.0m），下部是液相区，但实际污泥床（消化区）只占液相区中的一部分，因此在设计升流式厌氧污泥床时考虑一个0.8～0.9的比例系数，故总设计液相反应区容积为

$$V_T = \frac{V}{E} \tag{5-24}$$

式中：V_T 为反应器的总容积，m^3；V 为反应（消化）区的容积，m^3；E 为比例系数。

采用中温消化时，对于传统消化法，消化时间在 1～5d，有机负荷在 1～3kgCOD/（$m^3 \cdot d$），BOD_5 去除率可达 50～90%。对于厌氧生物滤池和厌氧接触法，消化时间可缩短至 0.5～3d，有机负荷可提高到 3～10kgCOD/（$m^3 \cdot d$）。对于升流式厌氧污泥床反应器，有时甚至可采用更高的负荷，但上部的三相分离器应缜密设计，避免上升的消化气影响固液分离，造成污泥流失。

消化气的产气量一般可按 0.4～0.5m^3/kg COD 进行估算。

3. 反应器的热量计算

厌氧生物处理特别是甲烷化，需要较高的反应温度。一般需要对投加的污水加温和对反应池保温。加温所需的热量可以由消化过程中产生的消化气提供。如前所述，消化气的产量可按 0.4～0.5m^3/kg COD 估算，消化气的热量值大致为 21000～25000kJ/m^3。如果消化气所能提供的热量还不足，则应由其他能源补充。

反应器所需的热量包括：将污水提高到池温所需的热量和补偿池壁、池盖所散失的热量。提高污水温度所需的热量为

$$Q_1 = Qc(t_2 - t_1) \tag{5-25}$$

式中：Q 为污水投加量，m^3/h；c 为污水的比热容，约为 4200kJ/（$m^3 \cdot ℃$）（试验值）；t_2 为反应器温度，$℃$；t_1 为污水温度，$℃$。

反应器温度高于周围环境，一般采用中温。

通过池壁、池盖等散失的热量 Q_2 与池子的构造和材料有关，可以用下式估算：

$$Q_2 = KA(t_2 - t_1) \tag{5-26}$$

式中：A 为散热面积，m^2；K 为传热系数，kJ/（$h \cdot m^2 \cdot ℃$）；t_2 为反应器内壁温度，$℃$；t_1 为反应器外壁温度，$℃$。

对于一般的钢筋混凝土池子，外面加设绝缘层，K 值为 20～25kJ/（$h \cdot m^2 \cdot ℃$）。

（四）厌氧和好氧技术的联合运用

好氧生物处理是污水中有分子氧存在的条件下，利用好氧微生物（包括兼性微生物，但主要是好氧细菌）降解有机物，使其稳定、无害化的处理方法。

微生物利用污水中存在的有机污染物（以溶解状和胶体状为主）为底物进行好氧代谢，这些高能位的有机物经过一系列的生化反应，逐级释放能量，最终以低能位的无机物稳定下来，达到无害化的要求，以便返回自然环境或进一步处置。污水处理过程中，好氧生物处理法有活性污泥法和生物膜法两大类。

污水好氧生物处理的过程如图 5-12 所示。

图 5-12 表明，有机物被微生物摄取后，通过代谢活动，约有 1/3 被分解、稳定，并提供其生理活动所需的能量，约有 2/3 被转化，合成新的细胞物质，即进行微生物自身生

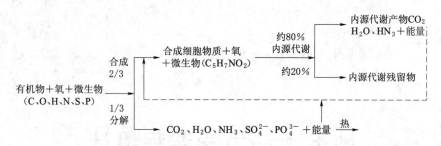

图 5-12　好氧生物处理过程中的有机物转化示意图

长繁殖。后者就是污水生物处理中的活性污泥或生物膜的增长部分，通常称其为剩余活性污泥或生物膜，又称生物污泥。在污水生物处理过程中，生物污泥经固液分离后，需进一步处理和处置。

好氧生物处理的反应速率较快，所需的反应时间较短，故处理构筑物容积较小，且处理过程中散发的臭气较少。所以，目前对中、低浓度的有机污水，或者 BOD_5 小于 500mg/L 的有机污水，适宜采用好氧生物处理法。

有些废水含有很多复杂的有机物，对于好氧生物处理而言是属于难生物降解或不能降解的，但这些有机物往往可以通过厌氧菌分解为较小分子的有机物，而那些较小分子的有机物可以通过好氧菌进一步分解。

采用厌氧与好氧工艺相结合的流程，可以达到生物脱氮的目的。厌氧-缺氧-好氧（A/A/O）法，可以在去除 BOD 和 COD 的同时，达到脱氮、除磷的效果。

四、注意事项

厌氧微生物对温度、pH 值等环境因素非常敏感，特别是其中的产甲烷菌，这使得厌氧反应器的运行和应用受到很多限制和困难。

五、思考题

（1）厌氧生物处理的基本原理是什么？

（2）影响厌氧生物处理的主要因素有哪些？提高厌氧生物处理的效能主要从哪些方面考虑？

（3）厌氧发酵分为哪几个阶段？污水的厌氧生物处理有什么优势和不足？

第六章

地下水动力学课程设计

第一节　河渠间地下水稳定运动

一、课程设计目的

计算河渠间任意位置处的地下水位、河渠间单宽流量。

二、课程设计（知识）基础

由于大气降水入渗补给或浅层潜水蒸发等因素的影响，河渠间潜水的运动是非稳定的。如果入渗均匀，即在时间和空间分布上都是比较均匀的情况下，为了简化计算，有时把潜水的运动当作稳定运动来研究。

研究河渠间潜水的运动，作如下假设：

（1）含水层均质各向同性，底部隔水层水平，上部有均匀入渗，并可用入渗强度，即单位时间单位面积上的入渗补给量 W 来表示，在此情况下，W 为常数。

（2）河渠基本上彼此平行，潜水流可视为一维流。

（3）潜水流是渐变流并趋于稳定。

在上述假设条件下，取垂直于河渠的单位宽度来研究，根据潜水地下水运动公式，可以写出上述问题的数学模型如下：

$$\frac{\mathrm{d}}{\mathrm{d}x}\left(h\,\frac{\mathrm{d}h}{\mathrm{d}x}\right)+\frac{W}{K}=0 \tag{6-1}$$

$$h\,|_{x=0}=h_1 \tag{6-2}$$

$$h\,|_{x=l}=h_2 \tag{6-3}$$

式中：h 为离左端起始断面 x 处的潜水流厚度；h_1、h_2 分别为左、右两侧河渠边潜水流厚度。

对式（6-1）积分，得通解：

$$h^2=-\frac{W}{K}x^2+C_1x+C_2 \tag{6-4}$$

式中：C_1、C_2 为积分常数。

将式（6-2）和式（6-3）代入式（6-4），得

$$C_2 = h_1^2, C_1 = \frac{h_2^2 - h_1^2}{l} + \frac{W}{K}l$$

将 C_1、C_2 值代入式（6-4），得

$$h^2 = h_1^2 + \frac{h_2^2 - h_1^2}{l}x + \frac{W}{K}(lx - x^2) \tag{6-5}$$

式（6-5）为河渠间有入渗或蒸发（取入渗为正，蒸发为负）时，潜水流的浸润曲线方程（或降落曲线方程）。若已知参数 K、W，只要测定两个断面的水位 h_1 和 h_2，就可预测两断面间任何断面上的潜水位 h。

潜水位 h 是 x 的函数，将式（6-5）对 x 求导数，得

$$h\frac{\mathrm{d}h}{\mathrm{d}x} = \frac{h_2^2 - h_1^2}{2l} + \frac{W}{2K}(l - 2x) \tag{6-6}$$

由此，根据达西定律可得河渠间任意断面潜水流的单宽流量为

$$q_x = -Kh\frac{\mathrm{d}h}{\mathrm{d}x} \tag{6-7}$$

将中：q_x 为距左河 x 处任意断面上潜水流的单宽流量。

将式（6-6）代入式（6-7），得

$$q_x = K\frac{h_2^2 - h_1^2}{2l} - \frac{1}{2}Wl + Wx \tag{6-8}$$

式（6-8）为单宽流量公式。若已知两个断面上的水位值，可以用它来计算两断面间任一断面的流量。应该指出的是，因沿途有入渗补给，所以 q_x 随 x 变化而变化。

三、课程设计方法步骤

（1）计算河渠间任意位置 x 处的地下水位需要确定常数 W、K、h_1、h_2，即可根据（6-5）求得 h。

（2）河渠间的单宽流量取决于是否存在分水岭。

1）根据式（6-9）求分水岭的位置 a。

$$a = \frac{l}{2} - \frac{W}{K}\frac{h_1^2 - h_2^2}{2l} \tag{6-9}$$

2）根据式（6-10）求分水岭的水位 h_{max}。

$$h_{max}^2 = h_1^2 + \frac{h_2^2 - h_1^2}{l}a + \frac{W}{K}(la - a^2) \tag{6-10}$$

3）河渠间单宽流量的计算。

当 $a > 0$ 时，说明河渠间存在分水岭。此时

$$q_1 = -Wa（负号表示流向左河）$$

$$q_2 = W(l - a)（流向右河）$$

当 $a = 0$ 时，分水岭位于左河边的起始断面上，此时

$$q_1 = 0，左河既不渗漏也得不到入渗补给$$

$$q_2 = W(l-a)，全部入渗量流入右河$$

当 $a < 0$ 时，不存在分水岭。此时不仅全部入渗量流入右河，而且水位高的左河还要发生向水位低的右河渗漏。

$$q_1 = K \frac{h_1^2 - h_2^2}{2l} - \frac{1}{2}Wl，从左河流出渗漏量$$

$$q_1 = K \frac{h_1^2 - h_2^2}{2l} + \frac{1}{2}Wl，右河得到补给量$$

四、成果

(1) 河渠间有入渗或蒸发时，潜水流的浸润曲线方程（或降落曲线方程）。

(2) 单宽流量公式。若已知两个断面上的水位值，可以用它来计算两断面间任一断面的流量。

五、注意事项

(1) 本节导出的公式基于裘布依（Dupuit）假设。

(2) 忽略了渗流垂向分速度，因此计算出的浸润曲线较实际浸润曲线偏低。潜水面坡度越大，两曲线间的差别也越大。

六、思考题

(1) 不考虑入渗的潜水含水层，当隔水底板倾斜时，怎样求得它的流量和浸润曲线？

(2) 如果隔水底板的坡度是变化的，如何应用河渠间地下水运动公式？

第二节　利用泰斯公式和配线法求解水文地质参数

一、课程设计目的

利用泰斯（Theis）公式和配线法求解导水系数、储水系数。

二、课程设计（知识）基础

泰斯公式既可以用于水位预测，也可以用于求参数。当含水层水文地质参数已知时，可进行水位预测，也可预测在允许降深条件下井的涌水量。反之，可根据抽水试验资料来确定含水层的参数。配线法的基本原理如下：

对式 $s = W(u)\dfrac{Q}{4\pi T}$ 和 $\dfrac{t}{r^2} = \dfrac{1}{u}\dfrac{\mu^*}{4T}$ 两端取对数，得

$$\lg s = \lg W(u) + \lg \frac{Q}{4\pi T}$$

$$\lg \frac{t}{r^2} = \lg \frac{1}{u} + \lg \frac{\mu^*}{4T}$$

两式右端的第二项在同次抽水试验中都是常数。因此，在双对数坐标系内，对于定流

量抽水 $s-\dfrac{t}{r^2}$ 曲线和 $W(u)-\dfrac{1}{u}$ 标准曲线在形状上是相同的，只是纵横坐标平移了 $\dfrac{Q}{4\pi T}$ 和 $\dfrac{\mu^*}{4T}$ 的距离。只要将两曲线重合，任选一匹配点，记下对应的坐标值，代入 $T=\dfrac{Q}{4\pi s}W(u)$ 和 $\mu^*=\dfrac{4T}{1/u}\dfrac{t}{r^2}$ 即可确定有关参数。此法称为降深-时间距离配线法。

同理，由实际资料绘制的 $s-t$ 曲线和 $s-r^2$ 曲线，分别与 $W(u)-\dfrac{1}{u}$ 和 $W(u)-u$ 标准曲线有相同的形状。因此，可以利用一个观测孔不同时刻的降深值，在双对数坐标纸上绘出 $s-t$ 曲线与 $W(u)-\dfrac{1}{u}$ 标准曲线，进行拟合，此法称为降深-时间配线法。

如果有 3 个以上的观测孔，可以取 t 为定值，利用所有观测孔的降深值，在双对数坐标纸上绘出 $s-r^2$ 实际资料曲线与 $W(u)-u$ 标准曲线进行拟合，称为降深-距离配线法。

三、课程设计方法步骤

（1）在双对数坐标纸上绘制 $W(u)-\dfrac{1}{u}$ 的标准曲线。

（2）在另一张模数相同的透明双对数坐标纸上绘制实测的 $s-\dfrac{t}{r^2}$ 曲线或 $s-t$ 曲线。

（3）将实际曲线置于标准曲线上，在保持对应坐标轴彼此平行的条件下相对平移，直至两曲线重合。

（4）任取一匹配点（在曲线上或曲线外均可），记下匹配点的对应坐标值：$W(u)$、$\dfrac{1}{u}$、s、$\dfrac{t}{r^2}$，代入 $T=\dfrac{Q}{4\pi s}W(u)$ 和 $\mu^*=\dfrac{4T}{1/u}\dfrac{t}{r^2}$，分别计算有关参数。

$$T=\dfrac{Q}{4\pi[s]}[W(u)]$$

$$\mu^*=\dfrac{4T}{[1/u]}\left[\dfrac{t}{r^2}\right]$$

四、成果

根据抽水观测数据绘出 $s-t$、$s-\dfrac{t}{r^2}$、$s-r^2$ 曲线，分别与对应的标准曲线进行拟合，将匹配点的坐标值代入对应公式中，计算得出参数 T 和 μ^* 的估计值。

五、注意事项

配线法的最大优点是可以充分利用抽水试验的全部观测资料，避免个别资料的误差，提高计算精度。但也存在一定的缺点：① 抽水初期实际曲线常与标准曲线不符，因此非稳定抽水试验时间不宜过短；②当抽水后期曲线比较平缓时，同标准曲线不容易拟合准确，常因个人判断不同引起误差，因此在确定抽水延续时间和观测精度时，应考虑所得资

料能绘出 $s\text{-}t$ 或 $s\text{-}\dfrac{t}{r^2}$ 曲线的弯曲部分，便于拟合。如果后期实测数据偏离标准曲线，则可能是含水层外围边界的影响或含水层岩性发生了变化等。

六、思考题

(1) 简述配线法求水文地质参数的原理及优缺点，在实际应用中应注意哪些问题。

(2) 利用抽水孔资料求参数 T 时，通常求得的值比实际值大还是小，为什么？

第三节 利用雅各布直线图解法求解水文地质参数

一、课程设计目的

利用雅各布（Jacob）直线图解法求解导水系数、储水系数。

二、课程设计（知识）基础

当 $u \leqslant 0.01$ 时，可利用雅各布公式计算参数。首先把它改写成下列形式：

$$s = \frac{2.3Q}{4\pi T}\lg\frac{2.25T}{\mu^*} + \frac{2.3Q}{4\pi T}\lg\frac{t}{r^2}$$

上式表明，s 与 $\lg\dfrac{t}{r^2}$ 呈线性关系，斜率为 $\dfrac{2.3Q}{4\pi T}$。利用斜率可求出导水系数 T，即

$$T = \frac{2.3Q}{4\pi i}$$

式中：i 为直线的斜率，此直线在零降深线上的截距为 $\dfrac{t}{r^2}$。

把 t/r^2 代入雅各布公式，有

$$0 = \frac{2.3Q}{4\pi T}\lg\frac{2.25T}{\mu^*}\left(\frac{t}{r^2}\right)$$

因此

$$\lg\frac{2.25T}{\mu^*}\left(\frac{t}{r^2}\right) = 0, \quad \frac{2.25T}{\mu^*}\left(\frac{t}{r^2}\right)_0 = 1$$

于是得

$$\mu^* = 2.25T\left(\frac{t}{r^2}\right)$$

以上是利用综合资料（多孔长时间观测资料）求参数，称为 $s\text{-}\lg\dfrac{t}{r^2}$ 直线图解法。同理，由雅各布公式还可看出，$s\text{-}\lg t$ 和 $s\text{-}\lg r$ 均呈线性关系，直线的斜率分别为 $\dfrac{2.3Q}{4\pi T}$ 和 $-\dfrac{2.3Q}{2\pi T}$。因此，如果只有一个观测孔，可利用 $s\text{-}\lg t$ 直线的斜率求导水系数 T，利用该直线在零降深上截距 t_0 值，求储水系数 μ^*。

三、课程设计方法步骤

（1）根据试验资料，计算与 s 对应的 $\lg \dfrac{t}{r^2}$ 值，并绘制 $s - \lg \dfrac{t}{r^2}$ 曲线。

（2）将 $s - \lg \dfrac{t}{r^2}$ 曲线的直线部分延长，在零降深线上的截距为 $\dfrac{t}{r^2}$。

（3）求直线斜率 i。一般选取和一个周期对应的降深 Δs 代表斜率 i，即 $i = \Delta s$。

（4）代入公式 $T = \dfrac{2.3Q}{4\pi\Delta s}$ 和 $\mu^* = 2.25T\left(\dfrac{t}{r^2}\right)$ 进行计算。

四、成果

根据雅各布公式在单对数坐标轴上直线的斜率和截距，得到导水系数 T 和储水系数 μ^*。

五、注意事项

直线求解方法的优点是：既可以避免配线法的随意性，又能充分利用抽水后期的所有资料。但是，必须满足 $u \leqslant 0.01$ 或放宽精度 $u \leqslant 0.05$，即只有在 r 较小，而 t 值较大的情况下才能使用；否则，抽水时间短，直线斜率小，截距小，所得的 T 值偏大，而 μ^* 值偏小。

六、思考题

（1）试分析在什么情况下，泰斯公式和配线法与雅各布直线图解法可给出相近的结果。

（2）在哪些条件下雅各布直线图解法不适用？

第四节　利用水位恢复法求解水文地质参数

一、课程设计目的

利用水位恢复法求解导水系数、储水系数。

二、课程设计（知识）基础

如不考虑水头惯性滞后动态，水井以流量 Q 持续抽水 t_P 时间后停抽回复水位，那么在时刻 $t(t > t_P)$ 的剩余降深 s'（原始水位与停抽后某时刻水位之差），可理解为流量 Q 继续抽水一直延续到 t 时刻的降深和从停抽时刻起以流量 Q 注水（$t - t_P$）时间的水位抬升的叠加。两者均可用泰斯公式计算，故有

$$s' = \frac{Q}{4\pi T}\left[W\left(\frac{r^2\mu^*}{4Tt}\right) - W\left(\frac{r^2\mu^*}{4Tt'}\right) \right] \qquad (6-11)$$

其中

$$t' = t - t_P$$

当 $\dfrac{r^2\mu^*}{4Tt'}\leqslant 0.01$ 时，式（6-11）可简化为

$$s'=\frac{2.3Q}{4\pi T}\left(\lg\frac{2.25Tt}{r^2\mu^*}-\lg\frac{2.25Tt'}{r^2\mu^*}\right)=\frac{2.3Q}{4\pi T}\lg\frac{t}{t'} \qquad (6-12)$$

式（6-12）表明，s' 与 $\lg\dfrac{t}{t'}$ 呈线性关系，$i=\dfrac{2.3Q}{4\pi T}$ 为直线斜率。利用水位恢复资料绘出 s'-$\lg\dfrac{t}{t'}$ 曲线，求得其直线斜率 i，由此可以计算参数 T

$$T=0.183\frac{Q}{i}$$

如已知停抽时刻的水位降深 s_P，则停抽后任一时刻的水位上升值可写成

$$s^*=s_P-\frac{2.3Q}{4\pi T}\lg\frac{t}{t'}$$

$$s^*=\frac{2.3Q}{4\pi T}\lg\frac{2.25at_P}{r^2}-\frac{2.3Q}{4\pi T}\lg\frac{t}{t'} \qquad (6-13)$$

式（6-13）表明 s^* 与 $\lg\dfrac{t}{t'}$ 呈线性关系，斜率为 $-\dfrac{2.3Q}{4\pi T}$。如根据水位恢复试验资料绘制出 s^*-$\lg\dfrac{t}{t'}$ 曲线，求得其直线斜率，也可计算 T 值。

又根据 $s_P=\dfrac{2.3Q}{4\pi T}\lg\dfrac{2.25at_P}{r^2}$，将求出的 $T=-\dfrac{2.3Q}{4\pi i}$ 代入，可得

$$a=0.44\frac{r^2}{t_P}10^{-\frac{s_P}{t}} \qquad (6-14)$$

利用式（6-14）可求出导压系数 a 和储水系数 μ^*。

三、课程设计方法步骤

（1）剩余降深可理解为以流量 Q 继续抽水和以流量 Q 注水的叠加。故可以将剩余降深用上述两个过程的泰斯公式相加来表示，并在 $\dfrac{r^2\mu^*}{4Tt'}\leqslant 0.01$ 的条件下简化可得

$$s'=\frac{2.3Q}{4\pi T}\lg\frac{t}{t'}$$

（2）由简化的表达式可知剩余降深 s' 与 $\lg\dfrac{t}{t'}$ 呈线性关系，根据其斜率表达形式可求出导水系数：

$$T=0.183\frac{Q}{i}$$

（3）停抽后水位上升值可由停抽时刻降深减去剩余降深得到，即

$$s^*=\frac{2.3Q}{4\pi T}\lg\frac{2.25at_P}{r^2}-\frac{2.3Q}{4\pi T}\lg\frac{t}{t'}$$

（4）停抽后水位上升值与 $\lg\dfrac{t}{t'}$ 呈线性关系，并求出导水系数值，在此基础上，将导

水系数代入原式，可求出导压系数表达式：

$$a = 0.44 \frac{r^2}{t_P} 10^{-\frac{s_P}{t}}$$

四、成果

可求出导水系数 T、导压系数 a 以及储水系数 μ^*。

五、注意事项

（1）该方法需满足 $\frac{r^2 \mu^*}{4Tt'} \leqslant 0.01$ 的条件。

（2）恢复水位的时间为 $12 \sim 16h$ 方能取得较好的效果。

（3）上述参数计算结果的精度如何，取决于试验场地水文地质条件的概化，也取决于观测数据的精度。对于所求得的参数，应将其代入相应的公式，通过对比计算降深与实测降深的差值，分析所求参数的精度及其可靠性和代表性，最终确定抽水试验场地的有代表性意义的参数值。

六、思考题

（1）试分析水位恢复试验求水文地质参数的估计值是偏大还是偏小。

（2）试分析水位恢复试验求水文地质参数方法的主要不足之处。

第七章

地下水资源勘查与评价课程设计

第一节　地下水资源调查

一、课程设计目的

（1）掌握地下水资源调查工作步骤、了解地下水资源调查方法。

（2）掌握地下水资源地面调查/水文地质测绘的主要内容。

二、课程设计（知识）基础

（1）地貌、岩性、构造等地质学基础知识。

（2）水文地质学基础知识。

三、课程设计方法步骤

（一）地下水资源调查工作步骤

地下水资源调查是查明天然及人为条件下地下水的形成、赋存和运移特征，地下水水量、水质的变化规律，为地下水资源评价、开发利用、管理和保护以及环境问题防治提供所需的资料。地下水资源调查工作一般分三步进行，即准备工作、野外工作和室内工作。

1. 准备工作

准备工作包括组织准备、技术准备及物资后勤管理工作准备，而其核心是技术准备工作中调查设计书的编写。

调查设计书的主要内容是阐述调查区已有研究工作基础和调查区的地质、水文地质条件概况，明确调查工作方案：工作依据的规范、调查方法、工作量及主要技术要求、工作组织、计划进度和预期成果。

2. 野外工作

根据调查设计书要求开展水文地质测绘、钻探物探、水文地质试验等工作。

3. 室内工作

开展必要的室内实验及对野外获取的资料进行整理分析，评价调查区地下水水质，计算地下水允许开采量，编制符合设计要求的高质量图件和报告书。

（二）地下水资源调查方法

地下水资源是水资源的一部分，由于其埋藏于地下，其调查方法要比水资源调查更复杂。除需要采用一些地表水资源调查方法外，因地下水与地质环境关系密切，还要采用一些地质调查的技术方法。最基本的调查方法有：地下水资源地面调查（又称水文地质测绘）、钻探、物探、野外试验、检测分析、模拟试验及地下水动态均衡研究等。随着现代科学技术的发展，不断产生新的地下水资源调查技术方法，包括遥感技术（RS）、地理信息系统（GIS）技术、同位素技术（IS）、水文地质物探方法及水文地质参数测定技术方法等，这些都大大提高了地下水资源调查的精度和工作效率。

（三）地下水资源地面调查（水文地质测绘）主要内容

1. 地质调查

观察和描述地层、岩性、构造，并在图上填绘出。

（1）地层调查：地层的时代、成因类型及接触关系；地层的岩性、产状、厚度及分布范围；地层的透水性、富水性及其变化规律。

（2）岩性调查。

1）基岩区：调查基岩的岩石类型、可溶性、层厚和层序组合。

2）松散岩区：调查颗粒粒径大小、磨圆度、分选性和级配。

（3）构造调查。

1）基岩区：节理，裂隙，褶皱，断层。

2）松散岩区：山区与平原区的接触关系，河谷及阶地，新构造。

2. 地貌调查

调查时穿过不同的地貌单元，对各种地貌单元的形态特征进行观察、描述和测量，分析地貌与地下水形成及分布的内在联系。

3. 气象植被调查

气象资料调查主要是降水量、蒸发量的调查。主要搜集水文站、气象站资料获得，也可以在野外开展实验测得。

调查与地下水有关的植被情况，如沙漠地区、西北干旱区中绿洲植被与地下水之间的关系。

4. 地下水露头调查

（1）天然露头。天然露头包括泉水、暗河出口、沼泽等。以泉为例，调查泉水类型、高程、流量、气味、水质等。

（2）人工露头。人工露头包括井、钻孔、地下水工程等。以井为例，调查井的分布、层位、成井资料、水位埋深、井深、出水量、水质、水温及其动态特征，并开展简易水文地质试验，获取水文地质参数。

5. 地表水调查

（1）调查区地表水分布、源头及去向。

（2）测地表水水位、流速、流量、水质，通过地表水上下游河段的流量对比分析、地表水与地下水水位和水质关系、开展傍河抽水试验等方法确定地表水与地下水补排关系。

6. 环境水文地质问题调查

（1）调查区存在的主要环境水文地质问题及其演变趋势。

（2）主要环境水文地质问题与地下水开发利用间的关系。

四、注意事项

（1）调查设计书是地下水资源调查工作的基础，设计书需要经过论证后，再开展工作。

（2）地层岩性是划分含水层和地下水类型的基础，同时与地下水化学成分密切相关，地面调查中必须重视。

（3）环境水文地质问题中，区分人类活动引起的和天然、历史原因造成的。

五、思考题

（1）如何判断地表水与地下水之间是否有水力联系？

（2）最基本的地下水资源调查方法有哪些？

（3）滨海区的地下咸水一定是地下水超采导致海水入侵引起的吗？

第二节　地下水资源勘探（水文钻探和水文物探）

一、课程设计目的

（1）掌握水文钻探成井主要过程。

（2）掌握物探方法在地下水资源调查中的应用前提和适用条件。

二、课程设计（知识）基础

（1）水文地质学基础知识。

（2）地球物理基础知识。

三、课程设计方法步骤

（一）水文钻探

水文钻探是直接探明地下水的一种最重要、最可靠的勘探手段，是进行各种水文地质试验的必备工程，也是对地下水资源调查、水文地质物探成果解译的检验方法。

1. 水文钻探的目的和任务

（1）揭露含水层，探明含水层的埋藏深度、厚度、岩性和水位，查明含水层之间的水力联系。

（2）钻探成井后，开展水文地质试验，获取含水层富水性和水文地质参数。

（3）钻进过程采取岩芯样，成井后采取水样，通过样品分析岩样和地下水样的物理化学性质。

（4）成井作为开采井或水位、水质监测孔。

2. 水文钻探成井主要工作内容

（1）水文钻探遵循的原则。

1）先进行水文地质测绘和物探，后钻探施工。

2）"先踏勘、后设计"和"先设计、后施工"。

（2）确定钻孔的位置。

1）结合钻探目的、钻孔的代表性和控制性、一孔多用和多个孔布置成勘探线的原则来确定钻孔位置。

2）查明区域水文地质条件的勘探，其主勘探线沿水文地质条件变化最大的方向布置。

3）进行地下水资源评价的勘探，钻孔布置必须考虑拟采用的地下水资源评价方法。勘探孔所提供的资料应满足建立正确的水文地质概念模型、进行含水层水文地质参数分区和控制地下水流场变化特征的要求。

4）补给来源明确的地下水资源评价工作布置的钻孔，以查明补给量为目的来布置。

5）以供水为目的的勘探，钻探孔宜布置在富水条件好的地段。

（3）钻孔设计。设计孔深、孔径、进水段和过滤管、止水段和止水材料、井管材料、钻进方法和技术要求、水文地质观测。成井结构如图7-1所示。

（4）钻探成井过程。根据钻孔设计书，开展钻探成井工作。主要包括以下步骤：

1）钻进：按设计书深度和孔径钻探，根据实际条件及时修正完善设计书。

2）取芯：钻进过程中按规范要求取芯、记录。

3）下管：在进水段和止水段分别下不同材料的井管。

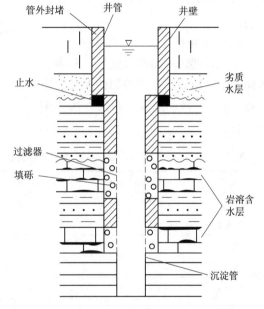

图7-1 水井结构图

4）填砾：在进水段填砾，保障含水层中水顺利进入井管。

5）止水：在非进水段填黏土球等材料止水。

6）洗井：清洗井壁残留的冲洗液和岩屑，疏通井壁进水条件。

7）成井：安装井口保护、标识牌等。

（5）钻探过程中的水文地质观测。钻探过程中的水文地质观测有助于及时发现孔内地层变化，进而弥补岩芯采样率的不足；及时发现含水层，获得不同含水层的水位、水温和水化学资料；通过冲洗液消耗量观察辅助发现岩溶和断裂等，主要开展以下水文地质观测：

1）岩性：根据取芯，描述岩性，判断含水层位置。

2）水位：突变，测量其初见水位和天然稳定水位。

3）水温观测：不同含水层的水温观测。

4）冲洗液消耗量：与地层的透水性有关。

5）涌水、涌砂现象：记录涌水、涌砂段的起止位置。

6）钻进速度、孔底压力、钻具突然掉落、孔壁坍塌等。

7）按设计书要求及时采集水、气、岩、土样品（采样）。

（二）水文物探

水文物探是通过地球物理仪器探测不同类型或不同含水岩石、不同矿化度水体之间存在物理性质上（导电性、导热性、热容量、温度、密度、磁性、弹性波传播速度及放射性等）的差异，进而分析判断岩性、构造及其含水性能的方法。

1. 水文物探方法应用的前提

不同岩性、不同含水量、介质内含不同化学特征的水存在的物性差异（图7-2、表7-1），是水文物探方法应用的前提。

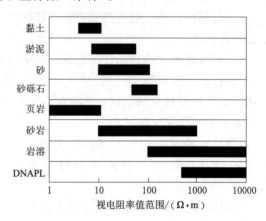

图7-2　不同介质视电阻率范围图

表7-1　　　　　　　　　　不同介质部分物性参数表（参考值）

介质名称	电阻率 $\rho/(\Omega \cdot m)$	介电常数 K	速度/(m/ns)	衰减常数/(dB/m)
干砂	$10^3 \sim 10^7$	$3 \sim 6$	$0.1 \sim 0.122$	<0.0009
饱和含水砂	$10^2 \sim 10^4$	$20 \sim 30$	$0.067 \sim 0.055$	$0.3 \sim 0.03$
粉砂	$10^2 \sim 10^3$	$5 \sim 30$	$0.134 \sim 0.055$	$1 \sim 100$
页岩	$10 \sim 10^3$	$5 \sim 15$	$0.134 \sim 0.077$	
垦殖土	~ 200	~ 15	~ 0.077	
岩质土	~ 1000	~ 7	~ 0.113	
干砂质土	~ 7100	~ 3	~ 0.173	
湿砂质土	~ 150	~ 25	~ 0.06	~ 0.002
干壤质土	~ 9100	~ 3	~ 0.173	
湿壤质土	~ 500	~ 19	~ 0.069	
干黏土	~ 3700	~ 2	~ 0.21	
湿黏土	~ 20	~ 15	~ 0.077	
湿砂岩	~ 25	~ 6	~ 0.122	
干石灰岩	~ 109	~ 7	~ 0.113	
湿石灰岩	~ 40	$4 \sim 8$	$0.15 \sim 0.106$	
湿玄武岩	~ 100	~ 8	~ 0.106	
花岗岩	$10^3 \sim 10^5$	$4 \sim 6$	$0.15 \sim 0.122$	

介质名称	电阻率 $\rho/(\Omega \cdot m)$	介电常数 K	速度/(m/ns)	衰减常数/(dB/m)
淡水	$30\sim10^4$	~81	~0.033	0
海水	~0.25	~4	~0.15	~1000
冰冻层	$10^2\sim10^5$	$4\sim8$	$0.15\sim0.106$	
干雪	$10^5\sim10^6$	~1	~0.3	
冰	$10^3\sim10^5$	$3\sim4$	$0.173\sim0.15$	
水泥混凝土	$0.1\sim1$	$6\sim11$	$0.09\sim0.12$	$0.5\sim5$
空气	无限大	~1	~0.3	0

注　单个数字前面的"～"表示近似值。

2. 物探方法在地下水资源勘查中的主要应用

在地下水资源勘查中应用的主要水文物探方法见表 7-2。

表 7-2　　　　　　　　地下水资源勘查中应用的主要水文物探方法

物探方法		基本原理	在地下水资源勘查中的应用
电法	电阻率法（ERT，包括高密度电阻率法）	目标体与周围介质的电阻率差异	①基岩破碎带、岩溶暗河发育带；②松散地层区含水砂层与相对弱透水层；③古河床；④咸淡水界面；⑤水文地质参数；⑥区分重污染与非污染地下水；⑦地球物理测井，确定含水层位置
	激发极化法（SP）	目标体与周围介质的电阻率、极化率差异	主要用于寻找层状或似层状分布的各种地下水以及较大的溶洞含水带，并可确定它们的埋藏深度
磁法	磁共振（NMR）	水分子具有弱磁性	直接找水的物探方法。信号强度反映含水量
电磁法	地质雷达（GPR）	目标体与周围介质的介电常数、传播速度差异	①浅部地下水位埋深；②浅部地下水污染；③求浅部水文地质参数
	可控源音频大地电磁法（CSAMT）	目标体与周围介质的传播速度差异	地下深部（1～2km）找地热水
放射性探测法	放射性探测法（射线法、射气法）	根据基岩与地下水、地下水与地表水中反射性元素及射线强度差异	基岩断裂带、地下水向地表水的补给
地震勘探法	地震勘探	目标体与周围介质的弹性波传播速度差异	确定覆盖层的厚度、断层破碎带和储水构造的位置

3. 水文地质人员在水文物探工作中的任务

（1）了解不同水文物探方法的特点和适用条件，根据调查目的选择合适的物探方法。

（2）结合野外实际条件和方法特点，设计合理探测方案，布置针对性的测线。

（3）设置最佳测量参数，测量获取真实信号。

（4）结合钻孔等资料，解译物探方法探测结果。

四、注意事项

（1）水文钻探过程中，为保证成井质量，要注意冲洗液的选择。

（2）井最终的出水能力，与成井的填砾、止水、洗井等环节密切相关，注意严格把控施工质量。

（3）水文物探方法的结果解释具有多解性，应结合钻孔等资料进行综合解译。

五、思考题

（1）井的出水能力与调查区的总体富水规律差异较大，可能原因有哪些？

（2）水文钻探过程中，进行水文地质观测有怎样的意义？

（3）比较水文钻探与物探的优缺点。

第三节　水　文　地　质　试　验

一、课程设计目的

（1）掌握抽水试验技术要求，会设计并开展抽水试验。

（2）掌握不同求参方法的适用性、根据抽水试验资料求参。

（3）掌握渗水试验、微水试验过程。

二、课程设计（知识）基础

（1）水文地质学基础。

（2）地下水动力学之地下水井流理论。

三、课程设计方法步骤

（一）抽水试验类型

（1）稳定流和非稳定流抽水试验。

（2）单孔和多孔干扰抽水试验。单孔抽水试验、多孔抽水试验及多孔干扰抽水试验如图 7-3 所示。

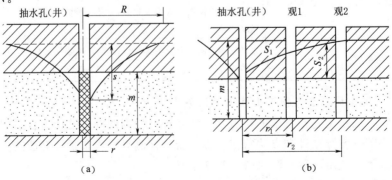

（a）　　　　　　　　　　　（b）

图 7-3 （一）　单孔和多孔干扰抽水试验

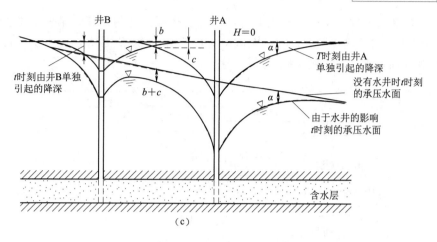

图 7-3（二） 单孔和多孔干扰抽水试验

（a）承压水单孔抽水试验；（b）承压水多孔抽水试验

（c）多孔干扰抽水试验（井 A 和井 B 抽水引起的降深发生了叠加）

（3）完整井和非完整井抽水试验。基于完整井和非完整井（图 7-4）开展的抽水试验分别称为完整井和非完整井抽水试验。

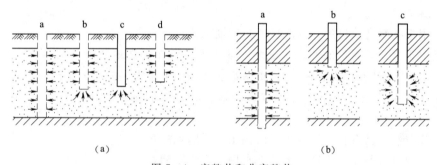

图 7-4 完整井和非完整井

（a）潜水井；（b）承压井

（4）分层和混合抽水试验。根据井涉及的单个含水层还是多个含水层分为分层和混合抽水试验，如图 7-5 所示。

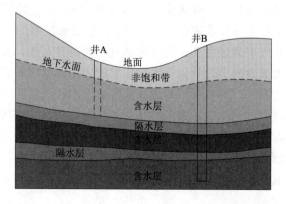

图 7-5 分层井（井 A）和混合井（井 B）示意图

（5）正向和反向抽水试验。根据抽水试验三次降深出现的顺序，第一次试验流量 Q_1 和降深 S_1 最小，然后逐步增大，第三次试验流量 Q_3 和降深 S_3 最大，此为正向抽水试验；反之，则为反向抽水试验（图 7-6）。

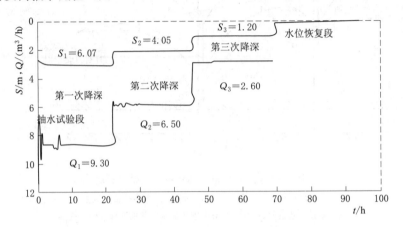

图 7-6 反向抽水试验流量和水位降深随时间变化图

（二）抽水孔和观测孔布置

1. 抽水孔布置原则

（1）根据抽水试验目的，针对性地布置抽水孔。

以获取水文地质为目的的抽水试验，抽水孔布置在水文地质条件具有代表性的地段（地下水的补给、径流、排泄区）；以查明富水性和出水量为目的的抽水试验，抽水孔布置在富水条件好的地段；以查明边界位置和性质为目的的抽水试验，抽水孔布置在边界附近。

（2）充分利用已有孔作为抽水孔或抽水试验的观测孔。

（3）抽水井应避免对第三方的地下水用水产生影响。

（4）抽水试验排水区应在抽水影响半径之外。

2. 观测孔布置原则

（1）根据试验目的布置观测孔。以求参为目的的抽水试验，在均质各向同性含水层中，垂直于地下水流方向布置一条观测线（1~3 个观测孔）；在均质各向异性隔水层，在各向异性的不同方向上分别布置观测孔（1~2 个）。当抽水试验的目的是查明含水层的边界性质和位置时，观测线应通过主孔、垂直于欲查明的边界布置，并应在边界两侧附近均匀布置观测孔。当抽水试验的目的是查明垂向含水层之间的水力联系时，则应在同一观测线上布置分层的水位观测孔。对拟采用数值法评价地下水资源量的调查区，观测孔应比较均匀地布置在计算区域内，同时应考虑观测孔对边界条件和水文地质条件的控制意义。

（2）离抽水井越近，观测孔之间的距离就越小；反之，观测孔之间的距离就越大。

（3）以求参为目的的抽水试验，距离抽水井最近的观测孔，其距离和采用求参的方法有关，若采用裘布依或泰斯公式配线法求参，最近观测孔距离抽水井距离不小于 1 倍含水层的厚度。

（4）距离抽水井最远的观测孔，应该能观测到一定的水位降深（大于 0.1m）。

（三）稳定流抽水试验技术要求

稳定流抽水试验是指流量和降深都能达到稳定状态并延续一定时间的抽水试验。

1. 抽水降深的确定

（1）稳定流一般进行三次降深抽水试验。

（2）降深值：最大水位降深值（s_{max}）与含水层类型有关，对潜水含水层，$s_{max} = (1/3\sim1/2)H$（H 为潜水含水层厚度），对承压含水层，s_{max} 小于或等于承压含水层顶板以上的水头高度。另外两次降深分别为最大降深的 1/3 和 2/3。

（3）相邻两次降深差值：要求两次相邻降深的差值不小于 1m。

2. 抽水流量的确定

（1）根据水文地质钻探洗井时的出水量确定。

（2）根据同一调查区水文地质条件相似含水层已有抽水井的最大出水量推算。

（3）根据含水层的渗透系数和设计水位降深估算。

3. 对抽水流量和水位的观测要求

（1）流量和水位同步观测。

（2）观测频次：抽水试验开始后的前 30min 内，每 5min 测量一次；30～120min 内，每 30min 测量一次；120min 后，每 60min 测量一次。

（3）水位恢复阶段观测：流量和水位观测频次和抽水时相同。

4. 稳定延续的时间（时长）

（1）稳定的判断：流量和水位降深仅略微浮动，并且不呈现连续上升或下降的趋势，表明达到稳定。

（2）稳定延续的时间：最大一次降深试验需要的稳定时间最长；渗透性越好的含水层，需要稳定的时间越短；以求参目的的抽水，一般不超过 24h；确定井的出水能力（供水），一般 48～72h，甚至更长；有观测孔时，最远观测孔稳定时间一般不得少于 4h。

（四）非稳定流抽水试验技术要求

非稳定流抽水试验是指流量或降深中任意一个或两个变量同时随时间变化的抽水试验。一般进行定流量、降深变化的抽水试验。

1. 对抽水流量和水位的观测要求

（1）流量和水位同步观测。

（2）观测频次：抽水试验开始后的前 4min 内，每 1min 测量一次；4～10min，每 2min 测量一次；10～30min，每 5min 测量一次；30～60min，每 10min 测量一次；60～120min，每 20min 测量一次；120min 后，每 30min 测量一次。

（3）水位恢复阶段观测。抽水停抽后恢复水位的观测，应一直进行到水位变幅接近天然水位变幅时为止。流量和水位观测频次和抽水时相同。

2. 试验延续的时间（时长）

（1）以求参为目的的非稳定流抽水试验的延续时间，一般不超过 24h。

（2）采用配线法和直线图解法求参的非稳定流抽水试验，$s-\lg t$ 曲线的直线段至少能延续两个以分钟为单位的对数周期，故总的抽水延续时间达到 3 个对数周期，即 1000min，约 17h。

（3）当有越流补给时，如用拐点法计算参数，抽水至少应延续到能可靠判定拐点（s_{max}）为止。

（4）不同含水层边界位置和性质延续时间不同。如为定水头补给边界，抽水试验应延续到水位进入稳定状态后的一段时间为止；为隔水边界时，$s-\lg t$ 曲线的斜率应出现明显增大段；为无限远边界时，$s-\lg t$ 曲线应在抽水期内出现匀速的下降段。

（五）抽水试验资料整理及求参

1. 稳定流抽水试验资料整理

对于稳定流抽水试验，除及时绘制出流量-时间的 $Q-t$ 和降深-时间的 $s-t$ 曲线外，还需绘制出 $Q-s$ 和 $q-s$ 曲线（q 为单位降深涌水量）。$Q-t$、$s-t$ 曲线可及时帮助人们了解抽水试验进行得是否正常（是否为稳定流）；而 $Q-s$ 和 $q-s$ 曲线则可帮助人们了解曲线形态是否正确地反映了含水层的类型和边界性质，检验试验是否有人为错误。常见的 $Q-s$ 和 $q-s$ 曲线形态如图 7-7 所示，不同曲线形态表征不同的水文地质条件和抽水井的补给条件。曲线 I 表明抽水井补给条件好，s 随着 Q 线性变化，降深增大，流量也增大。从曲线 I 到曲线 IV，补给条件逐渐变差。曲线 V 通常表明试验有错误，但也可能反映在抽水过程中，原来被堵塞的裂隙、岩溶通道被突然疏通等情况的出现。

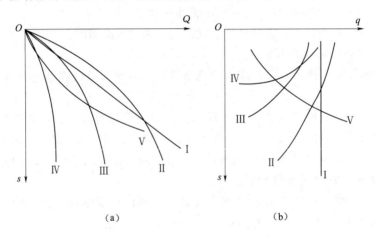

（a）　　　　　　　　　　（b）

图 7-7　常见的 $Q-s$ 和 $q-s$ 曲线形态

（a）抽水试验的 $Q-s$ 曲线；（b）抽水试验的 $q-s$ 曲线

2. 非稳定流抽水试验资料整理

对于定流量的非稳定流抽水试验，在抽水试验过程中编绘水位降深 s 和时间 t、s 与观测孔至抽水主孔间距离 r 的各类关系曲线。曲线用途有二：一是用于及时掌握抽水试验进行得是否正常和帮助确定试验的延续、终止时间；二是为计算水文地质参数服务。

（1）$s-\lg t$ 或 $\lg s-\lg t$ 曲线。$s-\lg t$ 曲线与非稳定流试验延续时间、与求参方法间的关系见本节"（四）非稳定流抽水试验技术要求"。

（2）$s-\lg r$ 或 $s-\lg t/r^2$ 曲线。当水位观测孔较多时，绘制降深与距离或时间距离之间关系曲线。

（3）水位恢复阶段曲线。对于恢复水位观测资料，需编绘出 $s'\lg(1+t_p/t')$ 和 $s*-t/t'$ 曲线。其中：s' 为剩余水位降深；$s*$ 为水位回升高度；t_p 为抽水主井停抽时间；

t'为从主井停抽后算起的水位恢复时间；t为从抽水试验开始至水位恢复到某一高度的时间。

3. 抽水试验资料求参

（1）解析法。根据抽水试验的流态、含水层类型及边界条件，选择相应的解析法公式，利用抽水试验数据求参。具体可参考《地下水动力学》的裘布依公式、蒂姆（Thiem）公式（有两个观测孔）、泰斯公式、汉图升-雅各布（Hantush-Jocob）公式等，直接求参或采用配线法和直线图解法求参（可采用软件 AquiferTest）。

抽水试验数据求参还可以参考《供水水文地质勘察规范》（GB 50027—2001）、《水电工程钻孔抽水试验规程》（NB/T 35103—2017）等规范。

（2）数值法。构建抽水试验场地水文地质概念模型和数值模型，采用有限差、有限元等数值方法模拟计算抽水引起的水位变化，通过观测孔水位与计算水位拟合对模型进行识别验证，反求水文地质参数。

（六）渗水试验和微水试验

1. 渗水试验

渗水试验是一种在野外现场测定包气带土层垂向饱和渗透系数的方法。

（1）试验方法：在试验土层中开挖一浅坑，埋入双环（双环渗水试验如图 7-8 所示），在环内保持一定水层厚度（一般为 10～20cm 厚），环内水不断入渗下伏土层，环内水位降低后，补水瓶随即注水补充到环内，维持环内水层厚度不变，一直持续到补水量稳定一段时间。

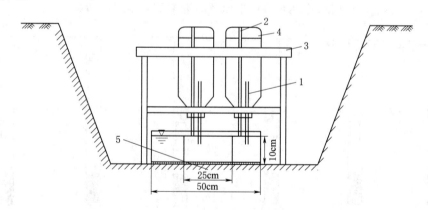

图 7-8　双环渗水试验示意图

1—出水管；2—进气管；3—瓶架；4—流量瓶；5—试验土层

（2）求渗透系数。当单位时间注入水量（即包气带岩层的渗透流量）保持稳定时，可根据达西渗透定律计算出包气带土层的饱和渗透系数（K_{sat}），即

$$K_{sat} = \frac{V}{I} = \frac{Q}{WI} \qquad (7-1)$$

式中：Q 为稳定渗透流量，即注入水量，m^3；V 为渗透水流速度，m/d；W 为渗水坑的底面积，m^2；I 为垂向水力坡度。

$$I = \frac{H_K + z + l}{l} \qquad (7-2)$$

式中：H_K 为包气带土层的毛细上升高度，可测定或用经验数据，m；z 为渗水坑内水层厚度，m；l 为水从坑底向下渗入的深度，m，可通过试验前在渗水坑外侧、试验后在坑中钻孔取土样测定其不同深度的含水量变化，经对比后确定。

由于 H_K、z、l 均为已知，故可计算出水力坡度值 I。但在通常情况下，当渗入水到达潜水面后，H_K 则等于 0。又因 z 远远小于 1，故水力坡度值近似等于 1（$I \approx 1$），于是式（7-1）变为

$$K_{sat} = \frac{V}{I} = V \qquad (7-3)$$

式（7-3）说明，在上述假定条件下，包气带土层的垂向饱和渗透系数实际上就等于试坑底单位面积上的渗透流量（单位面积注入水量），也等于渗入水在包气带土层中的渗透速度（V）。

野外试验过程中，测内环渗水速度 V 随时间的变化（外环渗水目的是阻止内环水发生侧向入渗，而以垂向下渗为主）。而稳定的 V 值即为非饱和带的饱和入渗系数 K_{sat}。

2. 微水试验

微水试验是通过瞬时向钻孔注入一定水量（或投入一块体）引起水位突然变化，观测钻孔水位随时间恢复过程［降水头试验，图 7-9（a）］；水位恢复后，再瞬时向钻孔抽出一定水量（或取出块体）引起水位突然变化，观测钻孔水位随时间恢复过程［升水头试验，图 7-9（b）］。根据水位观测数据求取井附近饱和含水层的参数。

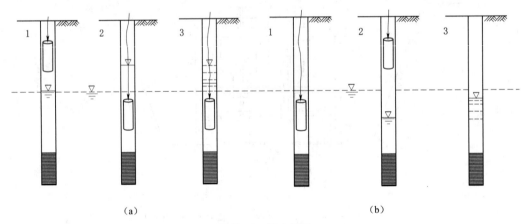

（a）　　　　　　　　　　　　　　　　（b）

图 7-9　微水试验

（a）降水头试验；（b）升水头试验

四、注意事项

（1）稳定流和非稳定流抽水试验对试验延续的时间均有相应要求，需要注意。

（2）抽水试验的水位恢复数据可用于求参，是一个完整抽水试验不可缺少的一部分。

（3）稳定流抽水试验，流量 Q 和降深 s 关系曲线不一定是直线，试验及求参时均需注意。

（4）抽水试验数据求参公式的选择，需注意该公式推导时的前提假设条件。

五、思考题

（1）抽水试验要求延续的时间与哪些因素有关？

（2）抽水试验水位恢复阶段数据相比抽水阶段的数据，有何不同？

（3）根据抽水试验数据求参时，如果最近的观测孔在抽水井附近的三维流范围内，其数据是否可用来求参？

第四节　地下水动态与均衡

一、课程设计目的

（1）确定调查区的主要均衡要素，建立调查区的均衡方程。

（2）根据地下水动态监测资料进行均衡分析。

二、课程设计（知识）基础

水文地质学基础知识。

三、课程设计方法步骤

（一）调查区均衡要素及其动态监测

1. 地下水动态和均衡的概念

（1）地下水动态。地下水资源的量和质总是随着时间而不停地变化着。地下水动态是指表征地下水数量与质量的各种要素（如水位、泉流量、开采量、水的化学成分与含量、温度及其他物理特征等）随时间而变化的规律。

（2）地下水均衡。地下水的质与量之所以变化，主要是水量和溶质成分在补充和消耗上的不平衡所造成的。所谓地下水均衡，就是指在一定范围、一定时间内，地下水水量、水化学成分含量及热量等的补充（流入）量与消耗（流出）量之间的数量关系。

地下水均衡是导致动态变化的原因，地下水动态是地下水均衡的外部表现。

2. 水量均衡要素

地下水的均衡包括水量均衡、水质均衡和热量均衡等不同性质的均衡。本章节主要关注最基础的水量均衡，讨论水量均衡的主要要素。

对潜水含水层，主要的水量均衡要素包括：潜水水位变化释放（或储存）的水量、降水入渗补给量、潜水蒸发量、地表水与地下水的交换量、承压水的越流补给（或排泄）量、含水层边界上的补给（或排泄）量、天然泉流量、人工开采量（或注水量）、灌溉回渗补给量。结合不同调查区实际条件确定主要均衡要素。

对承压含水层，主要的水量均衡要素包括：承压水水位变化释放（或储存）的水量、越流补给（排泄）量、含水层边界上的补给（或排泄）量、承压水的开采量。

3. 均衡要素动态监测

（1）动态监测点布置。动态监测点布置与地下水资源调查的目的相关。

为阐明区域水文地质条件服务的动态监测工作，主要任务在于查明区域内地下水动态的成因类型和动态特征的变化规律。因此，监测点一般应布置成监测线形式。主要的监测线应穿过地下水不同动态成因类型的地段，沿着区域水文地质条件变化最大的方向布置。对不同成因类型的动态区，不同含水层，地下水的补给、径流和排泄区，均应有动态监测点控制。

为地下水水量、水质计算与资源管理服务的动态监测工作，其主要任务是：为建立计算模型、水文地质参数分区及选择参数提供资料。鉴于地下水数值模型在地下水水量、水质评价与管理工作中的广泛应用，要求将相应的动态监测点布置成网状形式，以求能控制区内地下水流场及水质变化。对流场中的地下分水岭、汇水槽谷、开采水位降落漏斗中心、计算区的边界、不同水文地质参数分区及有害的环境地质作用已发生和可能发生的地段，均应有动态监测点控制。

（2）水量均衡要素动态监测。地下水动态监测的基本项目都应包括地下水水位、水温、水化学成分和井、泉流量等。对与地下水有水力联系的地表水水位与流量，以及矿山井巷和其他地下工程的出水点、排水量及水位标高也应进行监测。水量均衡要素的动态监测主要监测水位和流量，通过水位及其动态计算出降雨入渗补给量、边界补给量以及越流补给量等。

（3）水质动态监测。水质的监测，一般是以水质简分析项目作为基本监测项目，再加上调查区地下水中已经出现，甚至导致污染或可能出现的指标。

（4）均衡要素测定。

1）降水入渗补给量及蒸发量测定。

a. 地中渗透计法。降雨入渗补给量和蒸发量可以直接采用地中渗透计测定。地中渗透计如图7-10所示，其工作原理如下：首先调整盛水漏斗的高度，使漏斗中的水面与渗透计中的设计地下水面（相当于潜水埋深）保持在同一高度上。当渗透计中的土柱接受降水入渗和凝结水的补给时，其补给量将会通过连通管和水管流入量筒内，可直接读出降水入渗补给水量。类似原理可测量潜水蒸发量。

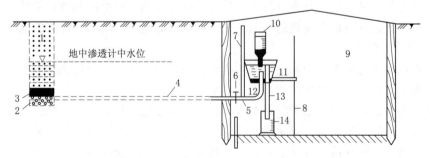

图7-10　地中渗透计示意图

1—装满砂的地中渗透计；2—砾石；3—滤网；4—导水管；5—三通；6—开关；7—测压管；

8—支架；9—试坑；10—给水瓶；11—漏斗；12—弯头；13—水管；14—量筒

b. 泰森多边形法。在典型地段布置观测孔组，在有一个水文年以上的水位观测资料时，可用差分方程计算均衡期的降水入渗补给量或潜水蒸发量，只要观测资料可靠，计算结果便有代表性。观测孔按任意方式布置，如图 7-11 所示。把 $i=1$、2、3、4、5 各孔分别同中央孔 O 连线，在连线的中点引垂线，各垂线相交围成的多边形（图中的虚线所围区域）称为泰森多边形。以泰森多边形作为均衡区，则其水量均衡关系为

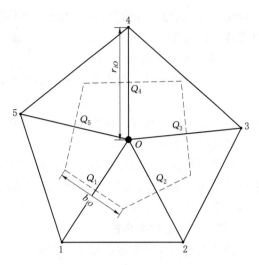

$$\mu F \frac{\Delta h_O}{\Delta t} = \sum_{i=1}^{n} Q_i + Q_{\text{垂}} \qquad (7-4)$$

式中：μ 为潜水含水层的给水度（饱和差）；F 为泰森多边形面积；Δh_O 为中央孔 O 在 Δt 时段内的水位变幅；$\sum_{i=1}^{n} Q_i$ 为流经 F 各边的交换流量之和，流入 F 时 Q_i 为正，流出 F 时 Q_i 为负；$Q_{\text{垂}}$ 为 F 内的降水入渗补给量或潜水蒸发量。

图 7-11　泰森多边形示意图

泰森多边形各边进入、流出 F 的量 Q_i 可以由达西定律计算：

$$Q_i = T b_{iO} \frac{h_i - h_O}{r_{iO}} \qquad (7-5)$$

式中：T 为导水系数；h_i、h_O 为孔 i 和中央孔 O 的水位；b_{iO}、r_{iO} 为孔 i 和中央孔 O 过水断面的宽度和距离。

联立式（7-4）和式（7-5），利用雨季钻孔水位上升资料可计算出降雨入渗补给量，根据旱季钻孔水位下降资料，可近似求出潜水蒸发量。

2）边界流入流出量（地下水侧向径流量 B_r、B_d）。获取边界附近渗透系数 K、水力坡度 J 和过水断面面积（A），根据达西定律计算地下水侧向径流量。

3）地表水入渗补给量。

① 测流法。在地表水渗透补给地下水河段的上下游，分别测河流径流量，上下游径流量差值即为地表水补给地下水的量。

② 直接测量。采用地中渗透计直接测量。

③ 计算法。根据地表水地下水之间水力坡度、渗透系数，采用达西定律计算交互量。

（二）水量均衡方程

选定均衡区，确定均衡时段，识别调查区主要均衡要素，建立均衡区的水量均衡方程。

1. 潜水水量均衡方程

根据质量守恒，均衡区含水层水位变化 Δh 引起的水体积的变化量等于补给量与消耗量之差，潜水水量均衡方程一般形式为

$$\mu F \Delta h = Q_{\text{补}} - Q_{\text{消}} = (P_r + W_r + B_r + E_r) - (W_d + B_d + E_d + R + Z) \qquad (7-6)$$

式中：μ 为潜水含水层的给水度（饱和差）；F 为潜水含水层面积；Δh 为潜水含水层的水位动态变化；P_r 为降水入渗补给量；W_r 为地表水补给量；B_r 为边界流入量（地下水侧向

径流量）；E_r 为越流补给量；W_d 为地下水排泄地表水的量；B_d 为边界流出量；E_d 为越流排泄量；R 为开采利用量（包括人工开采和天然排出量）；Z 为潜水蒸发量。

2. 承压水水量均衡方程

一般比潜水水重均衡方程简单，常见形式为

$$\mu_s \Delta h = (B_r + E_r) - (B_d + E_d + R) \tag{7-7}$$

式中：μ_s 为承压含水层的弹性释水系数（储水系数）；

其他符号意义同式（7-6）。

此外，根据均衡方程还可以求参数和均衡要素的大小。如根据次降水量、潜水位升幅和潜水含水层给水度计算大气降水入渗补给系数；根据潜水的升幅或降幅计算降水入渗补给量或潜水的蒸发量等。

（三）动态和均衡分析

地下水动态成因类型主要是根据地下水的水位动态过程曲线的特点予以鉴别，一般根据对地下水动态影响最大的自然及人为因素对地下水动态成因类型予以命名，分成降雨入渗型、蒸发型、人工开采型、径流型、水文型、灌溉入渗型、冻结型和越流型。

根据水位动态及均衡方程，分析均衡区水位水量总体变化趋势。当均衡要素的补充量小于消耗量时，地下水处于负均衡状态（水位总体下降）；当补充量大于消耗量时，地下水处于正均衡状态（水位总体上升）。

均衡分析为其他方法计算的地下水允许开采量等结果提供检验；合理的地下水开采方案，都必须受地下水均衡量的约束。

四、注意事项

（1）降水入渗补给量、潜水蒸发量与降水量、水面蒸发量要区分开。

（2）建立均衡方程时，注意不同调查区主要均衡要素的选取和确定。

（3）其他评价方法计算的水资源量都必须进行均衡项的合理性分析。

五、思考题

（1）影响地下水动态的主要因素有哪些？

（2）在区域地下水资源评价中，影响地下水径流量计算结果准确性的因素有哪些？

（3）评价西北干旱区山前地带的地下水资源，其主要均衡因素是哪些？

第五节 地下水允许开采量计算

一、课程设计目的

掌握地下水允许开采量的基本概念和计算方法。

二、课程设计（知识）基础

（1）水文地质学基础知识。

（2）地下水动力学知识。

三、课程设计方法步骤

（一）地下水允许开采量及其组成

1. 允许开采量

允许开采量，又称可开采量或可开采资源量，是指在技术上可能、经济上合理，并在整个开采期内出水量不会减少，动水位不超过设计要求，水质和水温在允许范围之内变化，不影响已建水源地正常开采，不发生危害性环境地质问题等前提下，单位时间内从含水系统或取水地段开采含水层中可以取得的水量，常用单位为 m^3/d 或 m^3/a。

2. 允许开采量的组成

假设调查区开采前地下水多年动态保持均衡，则在开采前的天然状态下，有 $Q_补 \approx Q_排$。此时，允许开采量实际上由三部分组成：①由于开采而增加的补给量（$\Delta Q_补$）；②由于开采而减少的天然排泄量（$\Delta Q_排$）；③含水层中可动用的储存量（$\mu F \Delta h / \Delta t$）。即 $Q_{允开} = \Delta Q_补 + \Delta Q_排 + \mu F(\Delta h / \Delta t)$。

（二）地下水允许开采量计算方法

1. 水均衡法

选择均衡区，确定均衡期及均衡要素，对均衡区含水层建立水均衡方程式。

潜水

$$Q_补 - Q_消 = \pm \mu F \frac{\Delta h}{\Delta t} \tag{7-8}$$

承压水

$$Q_补 - Q_消 = \pm \mu_c F \frac{\Delta H}{\Delta t} \tag{7-9}$$

式中：$Q_补$ 为各种补给的总量，m^3/a；$Q_消$ 为各种消耗的总量，m^3/a；μ 为给水度；μ_c 为弹性释水（储水）系数；F 为均衡区的面积，m^3；Δh 为均衡期 Δt 内的潜水位变化，m；ΔH 为均衡期 Δt 内承压水头的变化，m；Δt 为均衡期，a。

开采状态下的水均衡方程式为

$$(Q_补 + \Delta Q_补) - (Q_消 - \Delta Q_消) - Q_开 = -\mu F \frac{\Delta h}{\Delta t} \tag{7-10}$$

式中：$Q_补$ 为开采前的天然补给总量，m^3/a；$\Delta Q_补$ 为开采时的补给总增量，m^3/a；$Q_消$ 为开采前的天然消耗总量，m^3/a；$\Delta Q_消$ 为开采时天然消耗量的减少量总值，m^3/a；$Q_开$ 为人工开采量，m^3/a；μ 为含水层的给水度；F 为开采时引起水位下降的面积；Δh 为在 Δt 时段开采影响范围内的平均水位下降值，m；Δt 为开采时段，a。

由于开采前的天然补给总量与消耗总量在一个周期内是接近相等的，即 $Q_补 \approx Q_消$，则上式可简化为

$$Q_开 = \Delta Q_补 + \Delta Q_消 + \mu F \frac{\Delta h}{\Delta t} \tag{7-11}$$

即开采量为增加的总补给量、减少的消耗总量及可动用的储存量之和。则合理的消耗型开

采动态下允许开采量的计算公式可以表示为

$$Q_{允开} = \Delta Q_{允补} + \Delta Q_{允消} + \mu F \frac{s_{max}}{\Delta t} \qquad (7-12)$$

式中：s_{max} 为最大允许降深。

不消耗永久储存量的稳定型开采动态下允许开采量公式为

$$Q_{允开} = \Delta Q_{允补} + \Delta Q_{允消} \qquad (7-13)$$

2. 可开采系数法

$$Q_{可采} = \rho Q_{总} \qquad (7-14)$$

式中：$Q_{可采}$ 为地下水年可开采量，万 m^3/a；ρ 为可开采系数；$Q_{总}$ 为开采条件下的年总补给量，万 m^3/a。

3. 开采试验法

在按开采条件或接近开采条件进行抽水试验时，一般从旱季开始，延续一个月至数月，从抽水开始到水位恢复进行全面观测。

$$Q_{抽} = Q_{补} + \mu F \frac{\Delta s}{\Delta t} \qquad (7-15)$$

式中：$Q_{抽}$ 为平均抽水量，m^3/d；$Q_{补}$ 为开采条件下的补给量，m^3/d；μF 为水位下降 1m 时储存量的减少量，简称单位储存量，m^3；Δs 为 Δt 时段的水位降深，m；Δt 为水位持续下降的时间，d。

根据求得的 $Q_{补}$，结合水文地质条件和需水量即可评价开采量。

4. 解析法

（1）解析法应用前提。解析法是直接选用地下水动力学或规范的井流公式进行地下水资源计算的常用方法。解析法在推导过程中，为获取解析解公式，对介质条件、边界条件及取水条件作了一定假设和概化。因此，应用解析法公式评价地下水资源量时，必须注意调查区实际水文地质、取水等条件是否可以概化为解析解公式推导的相似前提假设条件。

（2）解析法求允许开采量步骤。

1）建立水文地质概念模型。根据水文地质条件和拟采用的解析法公式共同概化构建水文地质概念模型。

2）选择计算公式。调查区的水文地质概念模型符合解析解公式推导时对水文地质概念模型的前提假设条件。

3）确定公式中的参数值。通过资料搜集、水文地质试验或比拟法等方法确定公式中的参数。

4）计算与评价。根据实际开采井及开采情况，选择干扰井群法、开采试验法等计算评价地下水允许开采量。

5. 数值法

数值法是求解计算区形状不规则、含水介质空间结构复杂、非均质性和各向异性明显等复杂条件下地下水数学模型的一种近似方法。常用于地下水资源评价的数值法是有限差分法和有限单元法。关于这两种方法具体的推导过程和详细应用过程，在《地下水流数值模拟》等相关文献中有详细论述，这里仅介绍运用数值法进行地下水资源评价的一般步骤。

（1）建立水文地质概念模型。水文地质条件的概化包括：模拟评价区范围及边界条件、含水系统空间分布、流态特征、源汇项等。

（2）选择数学模型。根据水文地质概念模型，选择能描述其水流运动规律的数学模型。

（3）时间空间剖分及模型求解。将计算域进行剖分，离散为若干节点和小单元。构建节点上水头间的函数关系表达式，最后联立求解方程组，得到每个节点的水头近似值。

（4）模型识别。选定某一时刻作为初始条件，用勘探试验所取得的参数和边界条件作为初值，按正演计算模拟抽水试验或开采，输出给定时段内各观测孔各时段的水位变化值。把计算所得水头值与实际观测值作对比，如果相差很大，则修正参数或边界条件，再进行模拟计算，如此反复调试，直至计算水位与观测水位差值满足判断准则。同时，模型各均衡要素计算结果，也可以与实际已知资料对比，进一步识别模型的合理性和可靠性。

（5）模型验证。采用识别后的模型（参数、边界性质、含水系统空间结构保持不变），继续正演计算过程，模拟一段时间的水位变化，将离散点或单元的模拟结果与对应位置的水位观测结果对比，要求计算值与观测值差值满足规范要求，对模型进一步验证。

对识别验证后的模型，其可靠性判别准则为：计算的地下水流场应与实测地下水流场基本一致；观测井地下水位的模拟计算值与实测值的拟合误差满足规范要求；实际地下水补给量与排泄量之差应接近含水层储存量的变化量；识别后的水文地质参数、含水层结构和边界条件符合实际水文地质条件。

（6）模拟预报，进行地下水资源评价。采用识别验证后的模型预报地下水允许开采量。根据开采区的现有开采条件，拟定出该区的地下水开采年限和地下水开采允许降深，以及井位井数等。最后计算出在预定开采期内，在地下水开采允许降深的条件下，能开采出的地下水量，即地下水的允许开采量。

6. 其他方法

其他地下水允许开采量计算方法还有 $Q\text{-}s$ 曲线外推法、回归分析法、地下水径流模数法、岩溶管道截流求和法等。

四、注意事项

（1）注意地下水允许开采量和地下水开采量之间的差别。

（2）采用某个解析法公式计算地下水开采量时，要求调查区水文地质概念模型符合该解析解公式推导的前提假设条件。

（3）不同方法求得的地下水允许开采量，需进行均衡要素的合理性分析。

五、思考题

（1）对于一补给条件好、无限边界的承压含水层水源地，在进行了钻探、群孔干扰的抽水试验后，可采用哪些方法来评价其允许开采量？

（2）对于一个有侧向径流、降雨入渗和蒸发的地区，采用数值法评价了地下水允许开采量后，如何分析均衡要素的合理性？

（3）模型识别和模型验证有何区别？

第六节　地下水水质评价

一、课程设计目的

（1）掌握基本的地下水采样和保存要求。

（2）掌握不同用途地下水水质的评价方法。

二、课程设计（知识）基础

水文地球化学知识。

三、课程设计方法步骤

（一）地下水采样和保存

（1）根据地下水用途确定检测因子和技术要求。

（2）根据成分测试方法对应的规范要求以及地下水采样规范的要求来选取采样容器、采样及保存方法。

（3）采集的地下水样应是目标层位具有代表性的样品。

（4）明确现场测量指标（水位、水温、浊度、电导率、pH 值、溶解氧、游离氯等）和室内分析指标。

（5）根据不同测试成分的要求对样品进行现场处理，低温保存，尽快送至实验室检测。

（二）不同用途的地下水水质评价

1. 生活饮用水水质评价

（1）参考标准规范。《生活饮用水卫生标准》（GB 5749—2006）、《生活饮用水卫生规范》（2001，卫生部）、《地下水质量标准》（GB/T 14848—2017）（注意：所有涉及的规范标准均应使用评价时最新的标准）。

（2）评价指标。

1）地下水水质的物理性状评价（感官评价）。生活饮用水的物理性状要求是无色、无味、无臭、不含可见物，清凉可口。

2）地下水的一般化学指标评价（普通溶解盐的评价）。水中溶解的普通盐类，主要指常见的离子成分，如氯离子、硫酸根离子、重碳酸根离子、钙离子、镁离子、钠离子、钾离子，以及硬度、铁、锰、铜、锌、铝、氨氮等。

3）对饮用水中有毒物质的限制。地下水中的有毒物质种类很多，包括有机的和无机的。地下水中的有毒物质主要有砷、硒、镉、铬、汞、铅、硼、银、铊、锑、氟化物、氰化物、酚类、硝酸盐、氯仿、四氯化碳以及其他洗涤剂及农药等成分，另外需要检测《地下水质量标准》新增的众多毒性指标（有机毒理指标由原来 1993 版标准中的 2 项增加为 2017 版的 49 项）。

4）对微生物指标的限制。饮用水中不允许有病原菌和病毒的存在。一般是将菌落总数、总大肠菌群作为指标。

（3）生活饮用水评价。检测指标逐项与标准对照比较，只有全都符合标准的水才可以作为饮用水。如果出现个别超标项目，则根据其经人工处理后能否达到标准要求而定。

2. 工业用水（锅炉用水）水质评价

工业用水根据其洗涤、冷却、锅炉等用途不同，对水质要求不同。锅炉用水水质评价参考《工业锅炉水质》（GB/T 1576—2018），此处主要评价影响锅炉正常使用的成垢作用、起泡作用和腐蚀作用。

（1）成垢作用。当水煮沸时，水中所含的一些离子、化合物可以相互作用而生成沉淀，并依附于锅炉壁上，形成锅垢，这种作用称为成垢作用。

根据水质资料，锅垢总含量用下式计算：

$$M_0 = S + C + 72[Fe^{2+}] + 51[Al^{3+}] + 70[Mg^{2+}] + 118[Ca^{2+}] \qquad (7-16)$$

式中：M_0 为锅垢总量，mg/L；S 为悬浮物的含量，mg/L；C 为胶体物（$SiO_2 + Al_2O_3 + Fe_2O_3 + \cdots$）含量，mg/L；$[Fe^{2+}]$、$[Al^{3+}]$、$[Mg^{2+}]$、$[Ca^{2+}]$ 为离子的浓度，mmol/L。

锅垢包括硬质的垢石（硬垢）及软质的垢泥（软垢）两部分。硬垢主要由碱土金属的碳酸盐、硫酸盐构成，附壁牢固，不易清除。硬垢总含量常用下式计算：

$$M_h = SiO_2 + 40[Mg^{2+}] + 68([Cl^-] + 2[SO_4^{2-}] - [Na^+] - [K^+]) \qquad (7-17)$$

式中：M_h 为硬垢的含量，mg/L；SiO_2 为二氧化硅含量，mg/L。

硬垢系数
$$K_h = \frac{M_h}{M_0}$$

根据锅垢总量和硬垢系数，评价成垢作用见表 7-3。

表 7-3　　　　　　　　　　　　锅炉用水成垢作用评价

锅垢总量/（mg/L）	成垢作用评价	硬垢系数	成垢作用评价
$M_0 < 125$	锅垢很少的水	$K_h < 0.25$	软沉淀物的水
$M_0 = 125 \sim 250$	锅垢较少的水	$K_h = 0.25 \sim 0.5$	中等沉淀物的水
$M_0 = 250 \sim 500$	锅垢较多的水	$K_h > 0.5$	硬沉淀物的水
$M_0 > 500$	锅垢很多的水		

（2）起泡作用。起泡作用是指水在锅炉中煮沸时产生大量气泡的作用。产生这种现象是水中易溶解的钾盐、钠盐以及油脂和悬浊物受炉水的碱度作用，发生皂化的结果。当泡沫太多时，会使锅炉内水的汽化作用极不均匀，水位急剧升降，致使锅炉不能正常运转。

起泡作用可用起泡系数（F）评价。起泡系数根据钠、钾的含量采用下式计算：

$$F = 62[Na^+] + 78[K^+] \qquad (7-18)$$

当 $F < 60$ mg/L 时，为不起泡的水（机车锅炉一周换一次水）；

当 $F = 60 \sim 200$ mg/L 时，为半起泡的水（机车锅炉 2～3d 换一次水）；

当 $F > 200$ mg/L 时，为起泡的水（机车锅炉 1～2d 换一次水）。

（3）腐蚀作用。水通过化学的和物理化学的或其他作用对炉壁的侵蚀破坏称为腐蚀作用。对金属的腐蚀与水中的溶解氧、硫化氢、游离二氧化碳、氨、氯等气体含量，氯离子、硫酸根离子等离子浓度及 pH 值的大小等因素有关。

水的腐蚀性可以按腐蚀系数（K_k）进行评价。

对酸性水

$$K_k = 1.008([H^+] + [Al^{3+}] + [Fe^{2+}] + [Mg^{2+}] - [CO_3{}^{2-}] - [HCO_3{}^-]) \qquad (7-19)$$

对碱性水

$$K_k = 1.008([Mg^{2+}] - [HCO_3^-]) \qquad (7-20)$$

根据腐蚀系数，按表 7-4 对腐蚀作用进行评价。

表 7-4　　　　　　　　　　　　　锅炉用水腐蚀作用评价

腐蚀系数	腐蚀作用评价
$K_k > 0$	腐蚀性水
$K_k < 0$，$K_k + 0.0503Ca^{2+} > 0$	半腐蚀性水
$K_k < 0$，$K_k + 0.0503Ca^{2+} < 0$	非腐蚀性水

3. 农业灌溉用水水质评价

灌溉用水水质状况，主要涉及水温、水的总矿化度及溶解盐类的成分。同时，必须考虑由于人类污染造成的灌溉用水的 pH 值和有毒元素对农作物和土壤的影响。

灌溉用水的温度应适宜。在我国北方，以 10~15℃ 为宜；在南方的水稻区，以 15~25℃ 为宜。灌溉用水的矿化度不能太高，太高对农作物生长和土壤都不利。一般以不超过 1.7g/L 为宜。水中所含盐类成分不同，对作物有不同的影响。对作物生长最有害的是钠盐，尤以碳酸钠盐危害最大，它能腐蚀农作物根部致使作物死亡，还能破坏土壤的团粒结构。其次为氯化钠，它能使土壤盐化，变成盐土，使作物不能正常生长，甚至枯萎死亡。还有一些盐类不但无害，而且还有益，例如，硝酸盐和磷酸盐具有肥效，有利于作物生长。

（1）水质标准评价法。地下水用于农田灌溉时，对其水质可采用《农田灌溉水质标准》（GB 5084—2005）评价。水质标准评价法就是对照国家颁布的农田灌溉用水水质标准进行评价，对有些不适宜灌溉的地下水成分须进行处理，达到标准后方能进行灌溉。在评价中除了依照标准所列的指标外，还应考虑水温的下限、盐分的类型、有机物类型等。在水资源十分缺乏的干旱灌溉区，灌溉水的含盐量可适当放宽。

（2）钠吸附比值法。钠吸附比值（A）法是美国农田灌溉水质评价采用的一种方法，它是根据地下水中的钠离子与钙镁离子的相对含量来判断水质的优劣。其计算公式为

$$A = \frac{Na^+}{\sqrt{\dfrac{Ca^{2+} + Mg^{2+}}{2}}} \qquad (7-21)$$

当 $A > 20$ 时，为有害水；当 $A = 15~20$ 时，为有害边缘水；当 $A < 8$ 时，为相当安全的水。

（3）灌溉系数法。灌溉系数是根据 Na^+、SO_4^{2-} 的相对含量采用不同的经验公式计算的，它反映了水中的钠盐值，但忽略了全盐的作用。其计算公式见表 7-5。

表 7-5 不同水化学类型灌溉系数计算公式

水的化学类型	灌溉系数 K_a 计算公式
$[Na^+] > [Cl^-]$，只有氯化钠存在时	$K_a = \dfrac{288}{5\,[Cl^-]}$
$[Cl^-] + 2\,[SO_4{}^{2-}] > [Na^+] > [Cl^-]$ 有氯化钠和硫酸钠存在时	$K_a = \dfrac{288}{[Na^+] + 4\,[Cl^-]}$
$[Na^+] > [Cl^-] + 2\,[SO_4{}^{2-}]$ 有氯化钠、硫酸钠和碳酸钠存在时	$K_a = \dfrac{288}{10\,[Na^+] - 5\,[Cl^-] - 18\,[SO_4{}^{2-}]}$

灌溉系数 $K_a > 18$ 时，为完全适用的水；$K_a = 18\sim6$ 时，为适用的水；$K_a = 5.9\sim1.2$ 时，为不太适用的水；$K_a < 1.2$ 时，为不能用的水。

（4）盐碱度法。由河南省水文地质队在豫东地区经过多年试验后提出的，它把灌溉水质对农作物和土壤的危害分为盐害、碱害、盐碱害和综合危害四种类型。下面评价指标是根据河南省豫东地区条件试验得出的，将其运用到其他地区时，应结合具体条件加以修正。

1）盐害。指水中的氯化钠和硫酸钠这两种盐分对农作物和土壤的危害。水质的盐害程度主要用盐度表示。当 $[Na^+] > [Cl^-] + [SO_4^{2-}]$ 时，盐度 $= [Cl^-] + [SO_4^{2-}]$；当 $[Na^+] < [Cl^-] + [SO_4^{2-}]$ 时，盐度 $= [Na^+]$。

在碱度为 0 的前提下，盐度小于 15mmol/L 时，为淡水；盐度 15～25mmol/L 时，为中等盐水；盐度 25～40mmol/L 时，为盐水；盐度大于 40mmol/L 时，为重盐水。

2）碱害。也称苏打害，主要是指碳酸钠和重碳酸钠对农作物和土壤的危害，因为这种盐能腐蚀农作物的根部，使作物外皮形成不溶性腐殖酸钠，造成作物烂根，以致死亡。

水质的碱害程度用碱度表示，碱度就是液态下重碳酸钠的危害含量（mmol/L）。其计算公式为

$$\text{碱度} = ([HCO_3^-] + [CO_3^{2-}]) - ([Ca^{2+}] + [Mg^{2+}])$$

当盐度 < 10mmol/L 时，碱度小于 4mmol/L 时，为淡水；碱度 4～8mmol/L 时，为中等碱水；碱度 8～12mmol/L 时，为碱水；碱度大于 12mmol/L 时，为重碱水。

3）盐碱害。即盐害与碱害共存。当盐度大于 10mmol/L，并有碱度存在时，即称为盐碱害。这种危害，一方面能使土壤迅速盐碱化，另一方面又对农作物的根部有很强的腐蚀作用，使农作物死亡。

如果只有盐害和碱害的水，可按表 7-6 所规定的指标评价。

表 7-6 盐碱害类型双项灌溉水质评价指标

盐度/(mmol/L)	碱度/(mmol/L)	水质类型
10～20	4～8	盐碱水
	>8	重盐碱水
20～30	<4	盐碱水
	>4	重盐碱水
>30	微量	重盐碱水

4）综合危害。除盐害碱害外，水中的氧化钙、氧化镁等其他有害成分与盐害一起对农作物和土壤产生的危害，称为综合危害。综合危害的程度主要决定于水中所含各种可溶盐的总量，所以用矿化度来说明。

矿化度小于 2g/L 时，为好水；矿化度为 2～3g/L 时，为中等水；矿化度 3～4g/L 时，为盐碱水；矿化度大于 4g/L 时，为重盐碱水。

四、注意事项

（1）地下水采样具有较强专业性，应确保地下水采样的规范性。

（2）不同用途的地下水，其水质评价的标准和结果不同。

五、思考题

（1）如何实现垂向不同深度的地下水采样？

（2）适合灌溉的地下水一定适合工业用途吗？

参 考 文 献

［1］ Hamilton J D. 时间序列分析［M］. 夏晓华，译. 北京：中国人民大学出版社，2015.

［2］ 包为民. 水文预报［M］.4 版. 北京：中国水利水电出版社，2000.

［3］ 曹剑峰，迟宝明，王文科，等. 专门水文地质学［M］. 3 版. 北京：科学出版社，2006.

［4］ 陈元芳. 水文与水资源工程专业毕业设计指南［M］. 北京：中国水利水电出版社，2000.

［5］ 高廷耀，顾国维，周琪. 水污染控制工程［M］.4 版. 北京：高等教育出版社，2014.

［6］ 黄振平，陈元芳. 水文统计学［M］. 北京：中国水利水电出版社，2011.

［7］ 李继清，门宝辉. 水文水利计算［M］. 北京：中国水利水电出版社，2015.

［8］ 梁忠民，钟平安，华佳鹏. 水文水利计算［M］. 北京：中国水利水电出版社，2006.

［9］ 王俊德. 水文统计［M］. 北京：水利电力出版社，1993.

［10］ 王双银，宋孝玉. 水资源评价［M］. 郑州：黄河水利出版社，2014.

［11］ 吴吉春，薛禹群. 地下水动力学［M］. 北京：中国水利水电出版社，2009.

［12］ 叶守泽. 水文水利计算（高等学校教材）［M］. 北京：水利电力出版社，1992.

［13］ 叶守泽. 水文水利计算［M］. 武汉：武汉大学出版社，2013.

［14］ 国家冶金工业局. 供水水文地质勘察规范：GB 50027—2001［S］. 北京：中国计划出版社，2001.